江苏省自然科学基金青年基金项目(BK20200634)资助

深部孤岛面沿空掘巷围岩变形数值仿真及控制

王　嫣　韩永胜　刘　飞　著

中国矿业大学出版社
·徐州·

内容简介

深部综放孤岛工作面沿空掘巷围岩变形控制是影响现代化矿井采掘接替和高效生产的主要瓶颈之一。本书综合运用试验研究、数学理论分析、数值计算与仿真、现场工业性试验等手段，对孤岛工作面沿空掘巷围岩变形特征和矿压显现数学规律等问题进行了研究。相关研究成果对开展深部综放孤岛工作面沿空掘巷围岩变形机理及控制的研究以及保证西部复杂条件下沿空掘巷孤岛工作面的安全高效开采具有一定的理论指导和实践意义。

本书可供采矿工程专业学生和工程技术人员参考。

图书在版编目(CIP)数据

深部孤岛面沿空掘巷围岩变形数值仿真及控制/王嫣，韩永胜，刘飞著.—徐州：中国矿业大学出版社，2021.6

ISBN 978-7-5646-5023-0

Ⅰ. ①深… Ⅱ. ①王… ②韩… ③刘… Ⅲ. ①煤巷掘进—沿空掘巷—围岩变形—计算机仿真②煤巷掘进—沿空掘巷—围岩稳定性—控制 Ⅳ. ①TD263②TD326

中国版本图书馆CIP数据核字(2021)第088412号

书　　名　深部孤岛面沿空掘巷围岩变形数值仿真及控制
著　　者　王　嫣　韩永胜　刘　飞
责任编辑　陈　慧
出版发行　中国矿业大学出版社有限责任公司
（江苏省徐州市解放南路　邮编221008）
营销热线　(0516)83884103　83885105
出版服务　(0516)83995789　83884920
网　　址　http://www.cumtp.com　**E-mail**:cumtpvip@cumtp.com
印　　刷　江苏凤凰数码印务有限公司
开　　本　787 mm×1092 mm　1/16　**印张** 12　**字数** 215千字
版次印次　2021年6月第1版　2021年6月第1次印刷
定　　价　46.00元

前　言

深部综放孤岛工作面沿空掘巷围岩变形控制是影响现代化矿井采掘接替和高效生产的主要瓶颈之一。现有的普通综放理论已难以保证西部复杂条件下沿空掘巷孤岛工作面的安全高效开采，因而开展深部综放孤岛工作面沿空掘巷围岩变形机理及控制课题的研究具有重要的理论和实践意义。本书综合运用实验研究、数学理论分析、数值计算与仿真、现场工业性试验等手段，对孤岛工作面沿空掘巷围岩变形特征和矿压显现数学规律等问题进行了系统研究。相关研究成果对开展深部综放孤岛工作面沿空掘巷围岩变形机理及控制的研究以及保证西部复杂条件下沿空掘巷孤岛工作面的安全高效开采具有一定的理论和实践意义。

本书的主要创新工作和研究成果包括以下几个方面：

(1) 对试验矿井的完整煤岩试样的物理力学特性进行了研究，得到了关键力学参数以及岩样组分参数。

(2) 建立了孤岛工作面覆岩T形结构的数学力学模型，分析了孤岛工作面覆岩运移数学规律和矿压显现特征，得到了孤岛工作面护巷煤柱极限宽度的数学理论计算公式。

(3) 构建了综放开采沿空掘巷数值计算模型，揭示了煤柱尺寸、支护参数等因素对其应力分布、变形特征和塑性区分布的影响，提出了从数学和力学的角度优化孤岛工作面合理煤柱尺寸的设计方法。

(4) 研究了多次采动影响下的孤岛工作面应力演化过程，得到了煤柱稳定性判据，分析了巷道围岩变形破坏机理，提出了合理的孤岛工作面巷道支护参数设计方法。

本书由日照职业技术学院王嫣、山东水利职业学院韩永胜博士、宿州学院刘飞博士共同撰写完成，具体分工如下：王嫣撰写第3章和第4章，韩永胜撰写第1章，刘飞撰写第2章和第6章，韩永胜和刘飞共同撰写第5章，全书由王嫣、韩永胜统稿。

在本书内容的研究过程中，得到了中国矿业大学深部岩土力学与地下工程国家重点实验室的老师以及矿业工程学院季明副教授和郭红军博士的帮助；研究工作参阅了大量国内外文献；本书的出版得到了江苏省自然科学基金青年基金项目（BK20200634）资助，在此一并表示感谢。

深部孤岛工作面沿空掘巷围岩变形数值仿真及控制研究包括数学理论计算、围岩力学模型的建立与分析、岩性测试、计算机数值模拟与现场工业实践等内容，涉及应用数学、工程力学、采矿工程等众多学科，限于作者水平，本书难免存在疏漏、缺陷和错误，恳请广大同行专家和读者批评指正。

著　者
2021年1月

目　录

1 绪 论

1.1 研究背景和意义

煤炭是我国主要能源，近 30 年来，煤炭占我国能源比例的 60%以上，至 2020 年底，我国的原煤产量 39 亿 t，位居世界首位。随着煤炭的连续开采，浅、表部煤炭资源越来越少，很多煤矿目前转向深部煤层的开采。2019 年，煤矿立井井筒深度达到 1 342 m，千米以上的立井在我国各个煤田可见。随着煤炭开采越来越向深部发展，深井巷道稳定性问题便越来越突出[1-2]。

我国厚煤层储量十分丰富。据统计，2011 年全国煤炭可采储量占生产矿井总储量的 45%，拥有厚煤层的生产矿井占生产矿井总数的 40.6%，分布遍及全国。厚煤层开采中，以前部分局(矿)沿用高落式开采，产量低、效率差、安全状况不好，资源损失严重。经过多次采煤方法改革，大多数矿井的厚煤层实现了分层开采，由分层炮采到分层机采以至分层综采。在生产条件好、管理水平高的局(矿)，分层综采工作面创出了年产百万吨以上的好成绩。但是分层综采普遍存在巷道布置复杂，掘进率高，巷道维修量大，材料消耗大，生产成本高等问题。当顶板较破碎或有稍厚伪顶时，第一分层的顶板管理困难，冒顶片帮事故多，制约着安全生产，影响工作面单产的提高，且安全状况不佳。在易燃煤层中，分层综采的中下分层工作面，极易发生煤的自然发火，威胁安全生产。合理开采、有效利用煤炭资源，提高采出率，实现矿业的可持续发展，是国内外煤炭行业急需解决的问题。为了解决这些问题，人们研究并提出了综放开采方法。

综放开采是一种先进的采煤方法，它自 20 世纪 50 年代末问世以来，经过数十年的试验和使用，在世界近十个产煤国家得到较快发展[3]。20 世纪 70 年代末至 80 年代初，综放开采成为法国、匈牙利和南斯拉夫等国厚煤层开采的主要方法之一[4]。之后受各种因素的影响，综放开采在国外未能得到进一步发展。综放开采技术最早出现在国外，南斯拉夫、波兰、印度等国都使用过该技术，但效果不太理想。我国综放开采技术的发展始于 20 世纪 80 年代，到 1998 年，综放开采工作面总数达到 82 个，全国的 64 个百万吨综采队中，有 22 个是采用综放开采技术，使用条件由初期的缓倾斜煤层分别发展到倾斜和急倾斜煤层，由开采条件较好的工作面发展到条件比较差的“三软”“两硬”“不稳定”煤层。目前，我国综放开采技术使用的数量、范围、技术先进性以及取得的成果，均处于世界领先地位。

综放开采技术以其低成本、低投入、高产出、高效率、高效益、安全可靠和系统简单等特点和储量技术优势逐渐取代了分层长壁开采方法，成为我国厚煤层开采实现高产高效的主要技术途径[5-7]。它利用煤岩体受采动影响的矿压显现性和顶煤、顶板自重实现了厚煤层全高一次开采，充分发挥了厚煤层的储量优势和综放开采技术高产高效的技术经济优势。在我国今后 20～50 年内仍以煤炭为主要能源、是世界重要的煤炭生产大国和煤炭消耗大国的背景下，综放开采技术以其高产高效和安全的综合优势，必将得到更快速的发展和推广应用，在今后相当长的时间内，在多种厚煤层开采技术[8-14]中必定会处于主导和优先的地位，成为我国厚煤层开采的主要技术。

综放开采时，一般沿煤层底板开掘工作面巷道，巷道顶板和两帮全部为煤体，为全煤巷道。留设煤柱[15-18]一直是煤矿中传统的护巷方法，传统的留煤柱方法是在上区段运输顺槽和下区段回风顺槽之间留设一定宽度的煤柱，使下区段顺槽避开固定支承压力峰值区。区段顺槽双巷掘进和留设煤柱，技术管理简单，对通风、运输、排水、安全都有利。但是，使用这种方法，煤柱损失高达 10%～30%；且回风巷受二次采动[19]影响，巷道维护困难，支护费用高；另外，煤柱支承压力向底板传播，不仅影响邻近煤层的开采和底板巷道的稳定，还成为引发强矿压显现的隐患。煤柱宽一般为 10～30 m。

为了提高综放开采煤炭的回收率，国内学者提出了采空区一侧回采巷道采用留窄煤柱沿空掘巷的方法，煤柱宽度一般为 4～7 m[20-23]。由于采深的逐年增加，综放开采沿空巷道维护越来越困难，这制约了综放面的推进速度，严重影响了高全高效工作面的建设。

在造成矿井人员死亡的煤矿安全事故中，瓦斯、突水、矿压这三大灾害仍然占据主要地位。在我国，煤矿突水事故造成的直接和间接经济损失一直居各类煤矿灾害之首，发生次数和死亡人数仅次于煤矿瓦斯突出事故[24-25]。矿井突水事故给煤炭企业带来的人身伤亡和经济损失极为惨重，对矿区水资源与环境[26-28]也造成巨大的破坏。2004—2017 年的 14 年间就发生重特大矿井突水事故 229 起，死亡达 1 707 人(见表 1-1)。矿井突水事故的频繁发生，除造成人员伤亡和宝贵的煤炭资源损失外，还破坏矿区地表水、地下水系统，甚至引起地面塌陷和影响矿区周围生态环境。因此，防止煤炭开采过程中突水事故的发生，对我国煤炭工业的发展具有重要意义。

表 1-1 2004—2017 年间全国煤矿重特大突水事故统计表

年份	事故次数	死亡及失踪人数
2004	34	206
2005	45	543
2006	31	266
2007	25	156
2008	14	88
2009	17	100
2010	10	60
2011	8	64
2012	7	53
2013	8	43
2014	9	41
2015	8	39
2016	7	27
2017	6	21
总计	229	1 707

针对煤炭开采过程中突水灾害问题，以防治措施中预留相邻工作面之间防水隔离煤柱(以下简称面间防水隔离煤柱)的合理宽度的设计工作[29-31]最为典型。由于《煤矿防治水细则》中并没有明确规定面间防水煤柱宽度留设方法，而各矿均是根据经验设计煤柱宽度，没有统一的标准，缺乏必要的基础研究工作和理论依据支撑，导致煤柱留设不合理。留设煤柱尺寸过大，虽然能够满足矿井防治水要求，但是会浪费勘探程度极高的煤炭资源；煤柱留设尺寸过小，虽然能够增加采区采出率，却可能增加矿井突水灾害发生的

风险。

强地压是煤矿严重的动力灾害之一[32-35]，特别是对于开采历史久远的深部老矿井，随着开采深度的增加、开采条件的复杂化、开采边界的不规则程度增加，深部开采的强矿压危险性越来越大，强矿压显现强度越来越高，已经成为制约深部矿井安全生产的最主要动力灾害之一。目前，我国在深部、形状不规则、孤岛（两侧、多侧采空、断层切割等）、巷道密集的煤层强矿压防控方面尚未进行系统的研究。采深大、形状不规则、两侧甚至多侧采空煤柱为典型的强矿压高危工作面。深部重力应力场、采空侧向压应力场和本工作面采动造成的集中应力会使煤（岩）体产生“剧烈”的动力破坏，极易发生应力集中，特别是在断层等自然构造区域、密集巷道与不规则共存的区域强矿压现象更加频繁。可见深部不规则煤柱的强矿压治理问题是全国煤矿开采中的重大技术性难题。

煤柱宽度的大小与煤柱矿压显现、回采巷道支护、维护成本、工作面安全回采以及煤炭资源采出率密切相关，煤柱宽度[36-37]选择的正确与否，对预防煤柱型强矿压的发生至关重要。我国目前部分煤矿仍存在依靠经验来确定煤柱宽度[38]的现象，工作缺乏科学性和针对性，往往不是造成煤炭资源浪费，就是巷道在掘进和回采过程中难以维护，甚至发生冒顶等事故。如何兼顾资源采出率和预防煤柱变形量大，合理确定煤柱宽度成为众多学者研究的课题，较窄的煤柱宽度既有利于防止强矿压的发生，又有利于减少煤炭资源损失及控制巷道围岩的稳定。

从预防强矿压的角度来讲，煤柱越窄对预防强矿压越有利[39-41]，因为窄煤柱中的煤体几乎全部被“压酥”，其内部不存在应力集中，也就不会存储大量的弹性能，所以发生强矿压的危险性就小。

由于试验矿井 41 盘区采用顺序开采方式，回采期间矿压显现非常剧烈，工作面顶板冒落、巷道围岩变形破坏，而且采掘接替紧张，严重地影响了矿井的正常生产。借鉴 41 盘区开采经验，42 盘区选择了非顺序开采方式，该盘区东翼工作面开采顺序为 4202→4208→4204→4210→4206，因此开采过程中形成了 4204 单孤岛工作面和 4206 双孤岛工作面。为此，本书针对试验矿井 4206 孤岛工作面，从研究煤柱宽度入手，深入分析孤岛工作面沿空掘巷煤柱宽度与煤柱破坏规律的关系，确定合理的煤柱宽度，在确保工作面安全开采的条件下，提高采区煤炭采出率；采用数值模拟的方法对沿空掘巷煤柱的物理力学特性、破坏模式、受动压影响下的覆岩运动规律和支承压力分布规律进行了研究，确定煤柱最佳留设尺寸，提出巷道的优化布置方式，确定合理的煤柱宽度下的巷道支护参数。这对提高矿井煤炭资源采出率，降低巷道返修率具有重要意义，也能为其他类似条件下巷道布置与支护提供依据。

1.2 国内外研究现状

1.2.1 孤岛工作面沿空掘巷窄煤柱稳定性研究现状

长期以来，留煤柱护巷方式一直是我国煤矿井工开采的主要方式。我国先后在开滦、阳泉、平顶山等矿区的三四十个工作面进行了沿倾斜方向煤体残余支承压力的现场观测，取得了大量的观测结果。丰城坪湖煤矿在煤层厚度 2.4 m、倾角 20°的煤体中观测到沿倾斜方向距煤体边缘 3 m 范围内的煤体应力较小，应力峰值区大约位于 12～22 m 范围内，支承压力影响的峰值位置距煤体边缘 12 m；同时发现，支承压力峰值随着时间变化向煤体内部转移。淮北杨庄矿的观测结果是，从煤体边缘至煤体内部 7 m 处为塑性区，其中 0～3.5 m 为松弛区；煤体内 7 m 以外为弹性区，其中 7～11 m 为弹性应力升高区，11 m 以外逐步恢复到原始应力区。澄合权家河煤矿的观测结果是，沿倾斜方向煤体内支承压力的峰值位置在 4～11 m。

从国内外研究发展趋势总体来看，留设煤柱护巷的方式受各种条件限制，主要有两种趋势[42]，一种为宽煤柱方式，目的是避开压力峰值，减少对巷道的破坏；另一种为窄煤柱或无煤柱留巷方式，两者在不同条件下都有比较广泛的应用，研究与发展水平也各具特色。

与中厚煤层和厚煤层分层开采一样，综放工作面采放以后，在其相邻的煤体(柱)上和一定范围的冒落区内将形成增压区、减压区、免压区[43-44]。当右边工作面采放后，由于煤层采放厚度大，冒落矸石和剩余浮煤难以充满采空区[45-47]，基本顶下沉并在采空区边缘发生断裂，煤体上的顶板弯曲并以一定角度向采空区倾斜[48-51]，侧向支承压力向煤体内转移。在顶板弯曲下沉、支承压力转移过程中，边缘煤体被破坏，形成一定厚度的破碎区，同时，在煤体边缘一定范围(一般 0～7 m)内形成应力降低区，为沿空掘巷创造了有利条件。

国内外采用多种手段从不同角度研究，应力分布和变形与破坏状态是分析煤柱稳定性的重要依据。国内外在这方面做过许多现场观测、试验研究和理论研究。

苏联乌日洛夫矿观测了距采空区不同距离内开掘的巷道变形。结果表明，采空区边界附近煤体的支承压力明显影响范围约为 10 m，位于支承压力最大影响带（4～6 m）内的巷道产生失稳和较大变形。南非尔岗煤田通过对煤体边缘残余支承压力的观测，得出最大支承压力作用在煤体边缘 10 m 处的结论。

我国早在 20 世纪 70 年代，为配合推广无煤柱护巷技术[52]，就先后在开滦、阳泉、平顶山等矿区的三四十个工作面进行了沿倾斜方向煤体残余支承压力的现场观测，取得了大量的观测结果。

1985 年，西安科技大学吴绍倩教授对采场及沿空煤柱矿压规律进行了深入研究，并结合实际矿井观测结果，系统地提出了无煤柱开采技术，并将该技术在实际矿井进行了应用和推广。

通过现场观测，根据煤体边缘的力学状态，煤体可以分为卸载松散区、塑性强化区、弹性变形区和原始应力区。

在具体的采矿与地质条件下，有些因素影响采空区边缘煤体应力分布和力学特征。根据国内 15 个矿区 24 个矿井 27 个工作面的观测统计分析资料，得出主要影响因素[53-54]有煤体硬度、直接顶岩性、煤层倾角、煤层采高及开采深度，并得出卸载带宽度 L_s、塑性带宽度 L_p 和影响带宽度 L_e 的计算公式。

20 世纪 70～80 年代，国内许多院校和研究院所利用相似材料模型[55-56]，进行了有关煤体边缘应力分布的实验研究。西安科技大学通过相似材料模拟实验，验证了采深、采高、倾角和直接顶的力学参数等对沿倾斜支承压力的影响，并得出最大应力集中系数 K 的关系式。重庆大学采用立体相似模拟，得出煤体边缘支承压力的近似关系，认为支承压力峰值距煤体边缘 3～5 m，峰值压力集中系数约为 1.5，支承压力影响范围为 25 m 左右。

理论研究方面，国内许多学者借助弹性力学建立煤体边缘的力学平衡方程[57-60]，经过必要的简化和假设，以及利用某种强度准则（如莫尔-库仑强度准则）确定塑性区宽度，并获得煤体边缘弹性应力区、塑性应力区应力分布的解析表达式。这些研究普遍存在忽略剪应力 τ_{xy} 等问题，国内有学者对此进行了修正，推导出基于极限平衡理论的煤体边缘塑性区内应力 σ_y、塑性区宽度 x_p 的关系式，考虑综放开采条件和倾角因素的影响，谢广祥等[61]也应用弹塑性极限平衡理论，分析得出综放面倾向煤柱支承压力峰值位置的计算式及分布规律。

1.2.2 综放孤岛工作面沿空掘巷围岩控制机理及支护技术研究

受地质条件和采掘接替等因素[62]影响，一些矿井在煤炭开采过程中采用孤岛工作面开采。而孤岛工作面与非孤岛工作面相比，采场上覆岩层活动非常剧烈、应力集中程度高、矿压显现程度大，所以孤岛工作面回采巷道围岩控制的研究对孤岛工作面能否安全地开采有重要的意义。

孤岛工作面研究的重点就是孤岛工作面回采巷道的围岩控制。柏建彪等[63-66]提出了孤岛工作面回采巷道围岩控制机理，通过对工作面采空区和邻近采空区的煤体及顶板状况分析，选择合理巷道位置从而减小巷道围岩应力，并通过锚杆支护和注浆支护提高围岩自撑力，同时围岩控制还要考虑围岩的大变形。秦忠诚等[67-69]以东滩煤矿孤岛工作面为研究对象，通过研究该矿孤岛工作面跨采软岩巷道实际情况，分析了跨采巷道稳定性的影响因素和跨采巷道支护基本原理，提出了巷道围岩结构理论和控制理论，针对跨采巷道破坏变形状况，实施了有效的支护措施。张书国[70]以邢台煤矿的孤岛综放工作面为研究对象，通过合理计算确定煤柱尺寸和支护方案及参数，对邢台煤矿孤岛工作面成功地设计了安全的煤柱尺寸并且验证了沿空掘巷的巷道围岩控制技术的有效性。

杨建辉等[71-73]以峰峰矿区万年矿碎裂结构岩体顶板巷道为例，分析了巷道顶板和两帮的破坏形式及其破坏原因，利用锚杆、锚索联合支护技术解决了巷道支护稳定性难题。

杨淑华等[74]在现场观测和动力学分析的基础上，研究了综放采场支架载荷有时比分层开采大而有时小的力学机理，提出了综放采场的两种典型顶板结构以及它们的静力和动力学特征，对综放支架的设计和选型有实际的指导意义。

康红普等[75-77]在分析深部高地应力巷道围岩变形与破坏特征的基础上指出了目前锚杆支护存在问题，提出了高预应力、强力支护理论与锚杆支护设计准则，并通过井下实测数据，分析了深部矿井地应力分布特征，介绍了强力锚杆支护系统，包括强力锚杆、强力钢带及强力锚索，完成了井下试验。井下试验表明，高预应力、强力锚杆支护系统能有效控制深部巷道强烈变形，使围岩保持稳定。

杨同敏等[78-79]通过对潞安矿区王庄矿 4320 综放面留 5 m 窄煤柱的锚网支护实践分析认为：① 掘进影响期巷道围岩变形量小，累计变形量顶底为 38.06 mm，两帮为 32.46 mm，最大变形速度顶底为 5.3 mm/d，两帮为

1.61 mm/d,掘进 50 m 后趋于稳定。② 回采期间巷道两帮的变形量和变形速度均大于顶底,两帮相对变形量为 758.7 mm,最大变形速度为 77.1 mm/d;顶底相对变形量为 473.45 mm,最大变形速度为 58 mm/d。且顶煤下沉量大于底鼓量,占顶底移近量的 77.3%;煤柱帮的变形量大于实体煤帮的变形量,占两帮移近量的 60%以上。③ 巷道受采动影响的范围较大,其中两帮 90～100 m,顶底 60～70 m。

陈学伟等[80-81]通过对鲍店煤矿综放窄煤柱沿空掘巷的矿压显现特征进行研究后认为:① 工作面超前支撑压力影响范围大,一般为 102～160 m,剧烈影响范围为 50～60 m,同时巷道变形量也大。② 巷道矿压显现表现出明显的周期性,一般为 20 m 左右。③ 综放窄煤柱沿空掘巷的合理煤柱宽度为 0～4 m,此时煤柱中应力值很小,巷道两帮及顶底板移近量都较小;当煤柱宽度在 4～12 m 时,煤柱及实体煤中应力较大,巷道变形量也增大,巷道留设大煤柱的合理尺寸应该大于 16 m。

甘肃省靖远矿区的大水头煤矿、魏家地煤矿、红会一矿和红会四矿都采用了综放开采沿空掘巷[82]。谢俊文等[83]通过对靖煤公司大水头煤矿 104 工作面的实际观测,总结了沿空巷道及工作面在不同时期的矿压显现规律,分析了矿压显现机理及各类影响因素,认为在高瓦斯松软破碎煤层条件下,留设 5～7 m 护巷小煤柱是较为适宜的,使煤柱体及巷道可靠地处于上区段采动支承压力的相对降低带内,便于巷道锚网支护施工及各类灾害的防治。若只从矿压角度考虑,7 m 的煤柱可进一步减小为 4～5 m,这样会使巷道的受力状况更佳。

上区段相邻巷道的支护方式对沿空巷道的后期维护管理有极其重要的作用,上区段若采用锚网支护等主动支护手段,沿空巷道的变形收缩明显小于钢棚支架等其他支护条件。

沿空巷道在回采时受到纵、横向支承压力的叠加作用[84],因而在回采时的巷道压力远大于掘进施工时期。

在沿空掘巷条件下,远离采场的采空区上方仍存在砌体梁结构的基本顶。这种结构在失稳之前,能有效保护采场随着工作面推进,当达到足够大的跨度后,顶板将失稳回转,导致沿空巷道出现强烈的来压显现特征。

沿空掘巷施工时既要重视两帮支护的作用,更应重视巷道底角及肩部的锚杆支护作用,提高支护强度。

窄煤柱综放开采技术在我国经过二十多年的发展,已取得了一定的成功,目前的研究多集中在采场上覆岩(煤)层的活动规律,如关键层理论和砌体梁理论的提出和优化，而对综放开采巷道上方煤层的支承压力分布规律及矿压显现规律等的系统研究较少，理论还不够成熟。随着煤矿开采深度逐年增加，深井综放面沿空掘巷窄煤柱受力和破坏规律较复杂，窄煤柱的稳定是沿空巷道围岩稳定性控制的关键，它给沿空巷道的支护带来了新的问题。因此有必要对深井综放面沿空掘巷窄煤柱受力和破坏规律进行系统的研究，为窄煤柱的尺寸设计和锚杆支护参数优化提供依据。

由于问题的复杂性，为提高煤炭资源采出率，煤柱的合理留设、综放采场周围巷道的合理布置、煤柱的破坏规律、沿空巷道锚网支护参数等问题仍需要进一步进行探讨。

1.3 研究内容

本书采用理论分析、现场实测、物理探究和计算机数值分析相结合的综合研究方法，分析试验矿井 4206 孤岛工作面煤柱合理留设宽度和沿空掘巷条件下巷道合理支护参数，主要研究内容有：

(1) 对 4206 孤岛工作面地质赋存和工程技术条件进行现场调研。

(2) 探究在 4204 及 4208 综放工作面开采以后，4206 孤岛工作面侧向支承应力分布规律，了解 4206 准备巷道掘进及 4206 综放工作面回采引起的高应力演化规律，掌握 4206 综放工作面两侧区段煤柱应力分布，为合理确定煤柱宽度和巷道支护技术提供依据。

(3) 采用计算机数值分析的方法，进行回采巷道布置优化，确定合理的巷道掘进位置，以改善巷道应力环境。在两侧采动高应力作用下，研究煤柱的变形破坏规律和稳定机理，确定合理的煤柱宽度。

(4) 采用数值模拟和理论分析的方法，研究分析两侧采动高应力演化过程中，煤柱稳定机理与巷道围岩变形破坏机理，研究确定合理的 4206 孤岛工作面巷道支护方案和支护参数。

(5) 通过现场工业性试验，实测巷道矿压显现规律，进一步完善理论分析，总结研究成果。

1.4 技术路线

本书的研究技术路线见图 1-1。

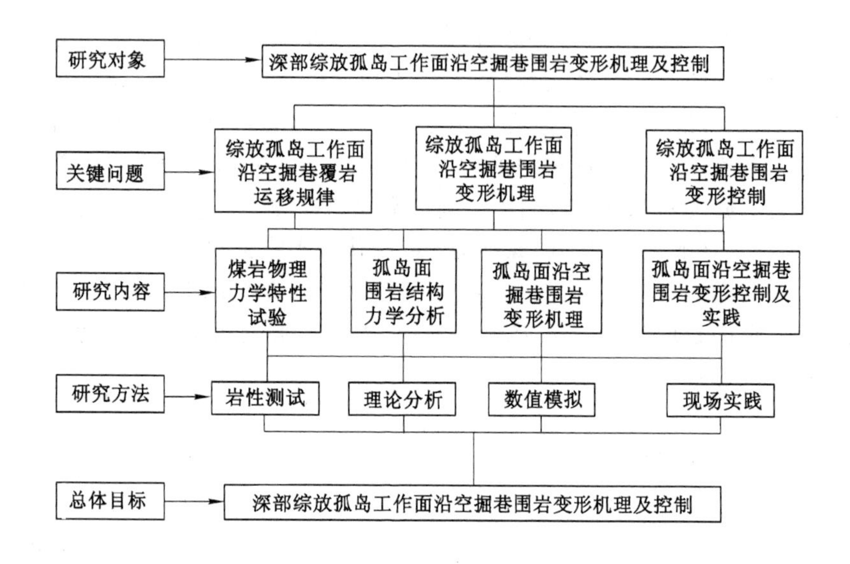

图 1-1　技术路线图

1.5　主要创新点

本书创新点主要体现在以下几个方面：

(1) 建立了孤岛工作面上覆岩层 T 形结构数学力学模型，研究了 4206 孤岛工作面上覆岩层运动和矿压显现规律。基于极限平衡理论计算得出 4206 孤岛工作面两顺槽的煤柱宽度应当在 13.9～15.7 m。

(2) 构建了综放开采沿空掘巷数值计算模型，对比不同煤柱宽度时煤柱内的应力、变形和塑性区分布状况，确定 4206 孤岛工作面两顺槽留设煤柱宽度均为 15 m。

(3) 采用数值模拟和理论分析结合的方法，研究分析巷道两侧采动高应力演化过程中，煤柱稳定机理与巷道围岩变形破坏机理，研究确定合理的 4206 孤岛工作面巷道支护方案和支护参数。

2 孤岛工作面沿空掘巷围岩物理力学特性实验

为了掌握试验矿井孤岛工作面沿空掘巷的现场地质条件，首先需要对矿井的完整煤岩试样的物理力学特性和岩样组分进行试验分析。试验结果可为数值模型建立、理论模型的求解提供必要依据，同时为现场工业性试验方案的设计提供参考。

2.1 标准煤岩样力学特性实验

2.1.1 试样加工

将试验矿井所取的煤岩样按3种岩性27组进行岩石力学性能测试。所有试样都通过实验室加工，加工方法遵照《煤和岩石物理力学性质测定方法》(GB/T 23561 系列标准)。每组试样均进行抗压、抗拉、抗剪测试。

2.1.2 实验系统

实验设备采用SANS实验机，该实验机采用高强度光杠固定上横梁和工作台面，构成高刚性的结构框架。采用电机驱动，通过传动机构带动移动横梁上下移动，实现实验机压缩、拉伸、剪切等各项测试工作，实验装置如图2-1所示。

煤岩样试块加工仪器如图2-2所示。

2.1.3 实验步骤

(1) 实验准备

将试验矿井所取岩芯进行精加工，具体尺寸要求如下：单轴压缩变形实验采用直径为50 mm、高为100～125 mm的圆柱体为标准试样，本实验煤岩

图 2-1　煤岩样力学性质测试设备

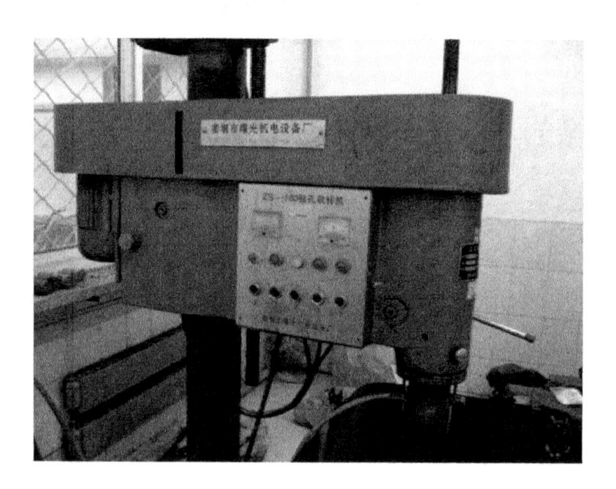

图 2-2　煤岩样试块加工仪器

样采用直径为 50 mm、高度为 100 mm 的试样；抗拉强度实验采用直径为 50 mm、高径比为 0.5～1.0 的圆柱体作为标准试样，试样尺寸允许变化范围不超过 5%，本实验煤岩样采用直径为 50 mm、高度为 25 mm 的试样；抗剪强度实验采用直径为 50 mm、高为 50 mm 的圆柱体试样，本实验煤岩样采用直径为 50 mm、高度为 50 mm 的圆柱形试样。在进行单轴压缩变形的实验时，需要测出试样在单轴压力作用下的纵向和横向变形量，本实验采用电阻应变片来测应变，故实验前应对各个试样进行应变片的粘贴。实验采用试样如图 2-3 所示。

图 2-3　3# 煤及其顶底板实验试样

（2）实验过程

① 对煤岩体进行单轴压缩变形实验，可以测出煤岩体的单轴抗压强度、弹性模量及泊松比。实验前先对各个试样进行原始数据测量，主要包括试样的直径及高度。测量结束后，将试样上所贴应变片连接至电阻应变仪，本实验采用 1/4 桥电路对加载时试样的横向及纵向进行测量。根据试样破坏时的载荷及应变计算出相应参数。实验前、后试样如图 2-4～图 2-6 所示，实验用应变仪如图 2-7 所示。

(a) 实验前

(b) 实验后

图 2-4　3# 煤顶板泥质砂岩试样的单轴压缩变形实验

② 用劈裂法进行试样的单轴抗拉强度实验。实验前，先对加工好的试样进行基本参数测量，包括试样的直径及高度。测量完成后，将各试样置于抗拉夹具上，进行加载，直至试样破坏。实验前、后试样如图 2-8～图 2-10 所示。

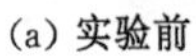

(a) 实验前

(b) 实验后

图 2-5　3# 煤试样的单轴压缩变形实验

(a) 实验前

(b) 实验后

图 2-6　3# 煤底板泥岩试样的单轴压缩变形实验

图 2-7　单轴压缩变形实验用应变仪

(a) 实验前

(b) 实验后

图 2-8 3# 煤顶板泥质砂岩试样的单轴抗拉强度实验

(a) 实验前

(b) 实验后

图 2-9 3# 煤试样的单轴抗拉强度实验

(a) 实验前

(b) 实验后

图 2-10 3# 煤底板泥岩试样的单轴抗拉强度实验

③ 对煤岩体进行抗剪强度实验，可以测出煤岩体的黏聚力及内摩擦角。实验前先对各个试样进行原始尺寸的测量，测量内容包括试样的直径及高度。测量结束后将试样置于变角板剪力仪中，分别进行三个不同角度的剪切实验，本实验选择 40°、50°、60°三个角度进行加载，直到试样被破坏。实验前、后试样如图 2-11～图 2-13 所示。

(a) 实验前

(b) 实验后

图 2-11　3# 煤顶板泥质砂岩试样的抗剪强度实验

(a) 实验前

(b) 实验后

图 2-12　3# 煤试样的抗剪强度实验

2.1.4　单轴抗压强度实验

单轴抗压强度按下式计算：

$$R_c = \frac{P}{A} \tag{2-1}$$

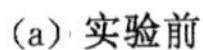
(a) 实验前

(b) 实验后

图 2-13 3# 煤底板泥岩试样的抗剪强度实验

式中 R_c——岩石单轴抗压强度，MPa；

P——最大破坏载荷，N；

A——垂直于加载方向的试样横截面积，mm^2。

顶板、3# 煤和底板的单轴抗压强度测试结果如表 2-1～表 2-3 所列。

表 2-1 顶板单轴抗压强度测试结果

采样地点	岩石名称	编号	试件尺寸		破坏载荷 /kN	抗压强度 /MPa	平均抗压强度 /MPa	弹性模量 /GPa	平均弹性模量 /GPa	泊松比	平均泊松比
			直径 /mm	高 /mm							
顶板	泥质砂岩	1-1-1	49.24	100.06	117.167	61.52	61.45	34.56	33.12	0.192	0.21
		1-1-2	50.06	100.12	125.639	63.83		31.17		0.212	
		1-1-3	49.42	99.96	113.141	58.98		33.63		0.227	

表 2-2 3# 煤单轴抗压强度测试结果

采样地点	岩石名称	编号	试件尺寸		破坏载荷 /kN	抗压强度 /MPa	平均抗压强度 /MPa	弹性模量 /GPa	平均弹性模量 /GPa	泊松比	平均泊松比
			直径 /mm	高 /mm							
3# 煤	煤	2-1-1	46.19	100.06	33.134	19.80	20.44	10.44	10.18	0.26	0.25
		2-1-2	48.25	100.12	37.936	20.75		9.82		0.23	
		2-1-3	48.20	99.96	37.877	20.76		10.28		0.27	

表 2-3 底板单轴抗压强度测试结果

采样地点	岩石名称	编号	试件尺寸		破坏载荷/kN	抗压强度/MPa	平均抗压强度/MPa	弹性模量/GPa	平均弹性模量/GPa	泊松比	平均泊松比
			直径/mm	高/mm							
底板	泥岩	3-1-1	50.06	100.06	108.59	45.17	46.27	25.21	25.58	0.23	0.22
		3-1-2	50.08	100.12	112.35	47.04		24.68		0.22	
		3-1-3	50.02	99.96	111.25	46.61		26.86		0.21	

2.1.5 单轴抗拉强度实验

岩石的单轴抗拉强度采用劈裂法测定。

单轴抗拉强度按下式计算：

$$R_t = \frac{2P}{\pi Dt} \tag{2-2}$$

式中 R_t——岩石单轴抗拉强度，MPa；

P——最大破坏载荷，N；

D——试件直径，mm；

t——试件厚度，mm。

顶板、3[#]煤和底板的抗拉强度测试结果如表 2-4～表 2-6 所列。

表 2-4 顶板抗拉强度测试结果

采样地点	岩石名称	编号	试件尺寸		破坏载荷/kN	抗拉强度/MPa	平均抗拉强度/MPa
			直径/mm	高/mm			
顶板	泥质砂岩	1-3-1	50.14	24.88	6.855	3.50	3.29
		1-3-2	49.98	25.10	6.123	3.11	
		1-3-3	50.02	24.97	6.389	3.26	

表 2-5 3[#]煤抗拉强度测试结果

采样地点	岩石名称	编号	试件尺寸		破坏载荷/kN	抗拉强度/MPa	平均抗拉强度/MPa
			直径/mm	高/mm			
3[#]煤	煤	2-3-1	48.15	27.01	1.873	0.92	0.94
		2-3-2	48.01	27.84	1.948	0.93	
		2-3-3	48.13	27.68	2.019	0.96	

表 2-6 底板抗拉强度测试结果

采样地点	岩石名称	编号	试件尺寸		破坏载荷/kN	抗拉强度/MPa	平均抗拉强度/MPa
			直径/mm	高/mm			
底板	泥岩	3-3-1	50.02	24.94	7.04	3.59	3.14
		3-3-2	50.14	25.06	5.201	2.64	
		3-3-3	49.96	25.08	6.31	3.21	

2.1.6 单轴压缩变形实验

岩石平均泊松比和弹性模量计算公式如下：

$$\mu_{av}=\frac{\varepsilon_{db}-\varepsilon_{da}}{\varepsilon_{1b}-\varepsilon_{1a}} \tag{2-3}$$

$$E_{av}=\frac{\sigma_b-\sigma_a}{\varepsilon_{1b}-\varepsilon_{1a}} \tag{2-4}$$

式中 E_{av}——试件平均弹性模量，MPa；

μ_{av}——试件平均泊松比；

σ_a——应力与纵向应变关系曲线直线段始点的应力值，MPa；

σ_b——应力与纵向应变关系曲线直线段终点的应力值，MPa；

ε_{1a}——应力为 σ_a 时的纵向应变值；

ε_{1b}——应力为 σ_b 时的纵向应变值；

ε_{da}——应力为 σ_a 时的横向应变值；

ε_{db}——应力为 σ_b 时的横向应变值。

2.1.7 单轴剪切强度实验

剪应力和正应力计算公式如下：

$$\tau=\frac{P}{A}\sin\alpha \tag{2-5}$$

$$\sigma=\frac{P}{A}\cos\alpha \tag{2-6}$$

$$\tau=\sigma\tan\varphi+C \tag{2-7}$$

式中 τ——剪应力，MPa；

σ——正应力，MPa；

P——试样破坏载荷，N；

A——试样剪切面面积，mm^2；

α——试样放置角度，(°)；

φ——试样的内摩擦角，(°)；

C——试样的黏聚力，MPa。

顶板、3# 煤和底板的抗剪强度测试结果如表 2-7～表 2-9 所列。

表 2-7　顶板抗剪强度测试结果

采样地点	岩石名称	试件编号	试件尺寸		剪切角度/(°)	破坏载荷/kN	剪应力/MPa	正应力/MPa	黏聚力/MPa	内摩擦角/(°)
			直径/mm	高/mm						
顶板	泥质砂岩	1-2-1	49.00	46.10	40	36.12	10.28	12.25	8.74	37.6
		1-2-2	48.80	50.20	40	35.92	9.43	11.23		
		1-2-3	48.70	53.24	40	36.72	9.10	10.85		
		1-2-4	47.92	52.94	50	38.37	11.59	9.72		
		1-2-5	48.64	53.54	50	40.11	11.80	9.90		
		1-2-6	48.80	53.54	50	39.52	11.59	9.72		
		1-2-7	48.68	49.92	60	42.07	14.99	8.66		
		1-2-8	49.00	52.90	60	41.24	13.78	7.95		
		1-2-9	48.76	53.52	60	41.87	13.89	8.02		

表 2-8　3# 煤抗剪强度测试结果

采样地点	岩石名称	试件编号	试件尺寸		剪切角度/(°)	破坏载荷/kN	剪应力/MPa	正应力/MPa	黏聚力/MPa	内摩擦角/(°)
			直径/mm	高/mm						
3# 煤	煤	2-2-1	48.10	52.80	40	18.87	4.78	5.69	3.85	33.0
		2-2-2	48.20	53.46	40	17.63	4.40	5.24		
		2-2-3	47.88	52.36	40	17.88	4.58	5.46		
		2-2-4	48.08	52.60	50	21.29	6.45	5.41		
		2-2-5	48.30	56.18	50	21.63	6.11	5.12		
		2-2-6	48.18	53.44	50	21.06	6.27	5.26		
		2-2-7	48.06	53.28	60	25.41	8.59	4.96		
		2-2-8	48.10	55.80	60	26.69	8.61	4.97		
		2-2-9	48.08	56.16	60	25.71	8.24	4.76		

表 2-9 底板抗剪强度测试结果

采样地点	岩石名称	试件编号	试件尺寸		剪切角度/(°)	破坏载荷/kN	剪应力/MPa	正应力/MPa	黏聚力/MPa	内摩擦角/(°)
			直径/mm	高/mm						
底板	泥岩	3-2-1	48.50	51.80	40	21.46	5.49	6.54	5.09	35.5
		3-2-2	48.70	45.94	40	22.17	6.37	7.59		
		3-2-3	48.64	49.82	40	21.82	5.79	6.90		
		3-2-4	48.54	49.30	50	25.03	8.01	6.72		
		3-2-5	48.70	52.82	50	26.36	7.85	6.59		
		3-2-6	48.42	53.40	50	25.16	7.46	6.26		
		3-2-7	48.42	50.40	60	29.82	10.58	6.11		
		3-2-8	48.70	52.46	60	28.21	9.56	5.52		
		3-2-9	48.50	50.22	60	29.11	10.35	5.98		

通过对试验矿井的完整煤岩试样的物理力学特性进行实验分析，得出试验矿井煤岩试样力学参数，汇总如表 2-10 所列。

表 2-10 试验矿井煤岩试样力学参数

试样	主要参数					
	抗压强度/MPa	抗拉强度/MPa	弹性模量/GPa	泊松比	黏聚力/MPa	内摩擦角/(°)
顶板泥质砂岩	61.45	3.29	33.12	0.21	8.74	37.6
3# 煤层	20.44	0.94	10.18	0.25	3.85	33.0
底板泥岩	46.27	3.14	25.58	0.22	5.09	35.5

2.2 岩样组分分析

在岩层巷道变形破坏严重地段围岩取样，通过 X 射线衍射实验，分析围岩组分，进而分析巷道围岩的力学性质，为支护参数确定提供理论依据。

分别对 5 组样品进行 X 射线衍射实验，衍射图谱如图 2-14 所示。

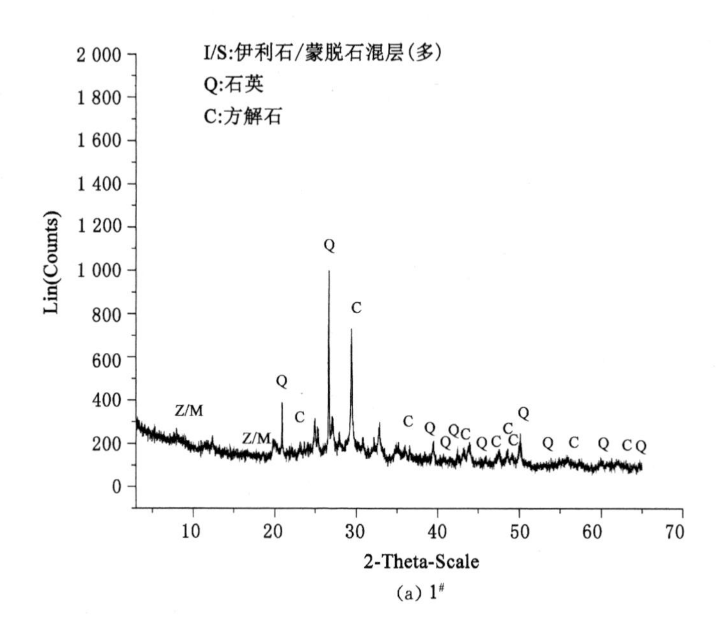

(a) 1#

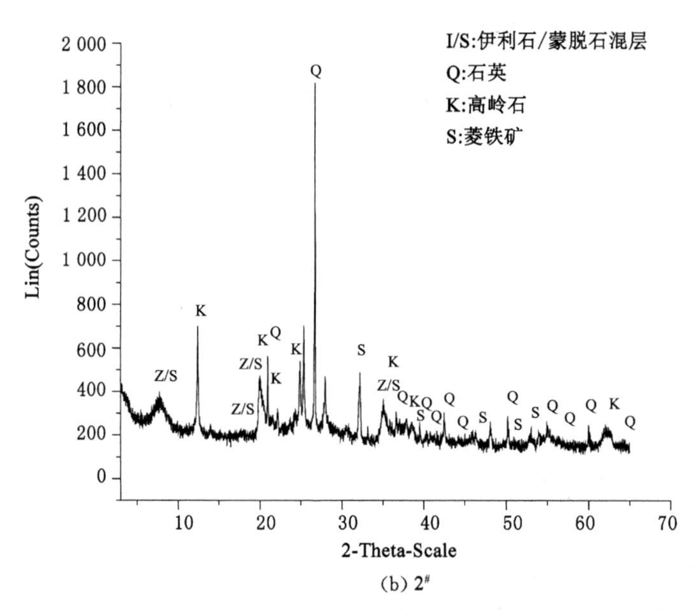

(b) 2#

图 2-14　围岩试样 X 射线衍射图谱

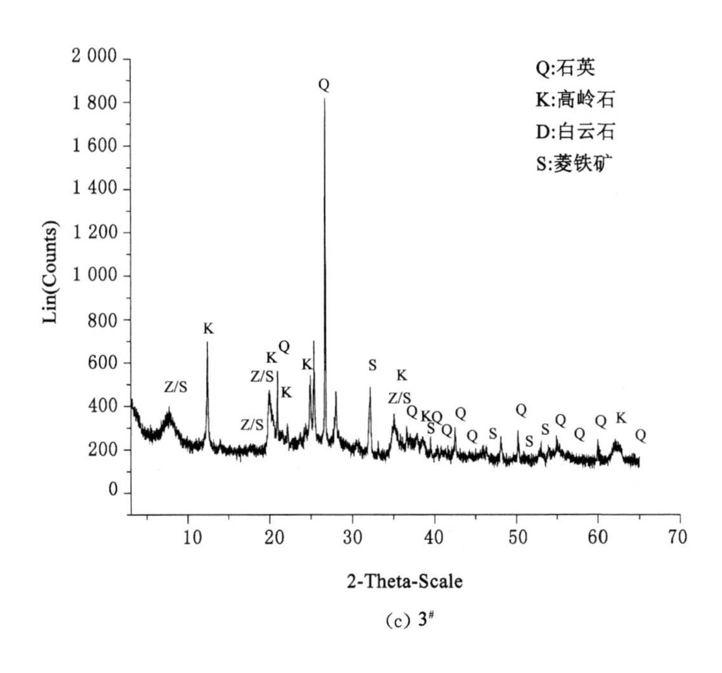
Q:石英
K:高岭石
D:白云石
S:菱铁矿
Lin(Counts)
2-Theta-Scale

(c) 3#

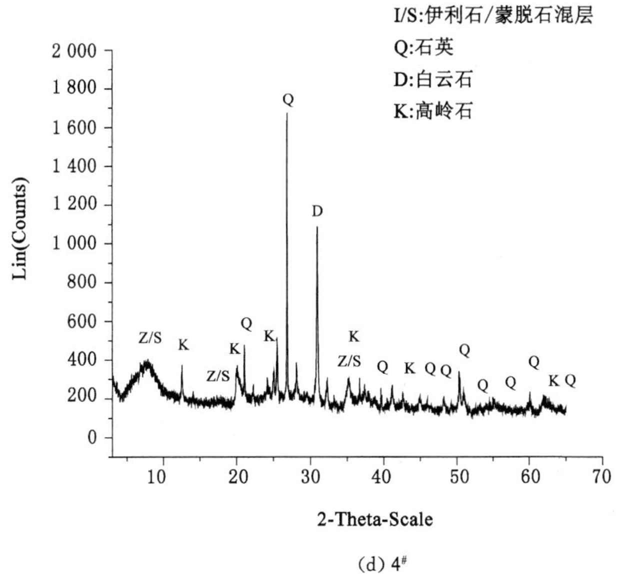
I/S:伊利石/蒙脱石混层
Q:石英
D:白云石
K:高岭石
Lin(Counts)
2-Theta-Scale

(d) 4#

图 2-14(续)

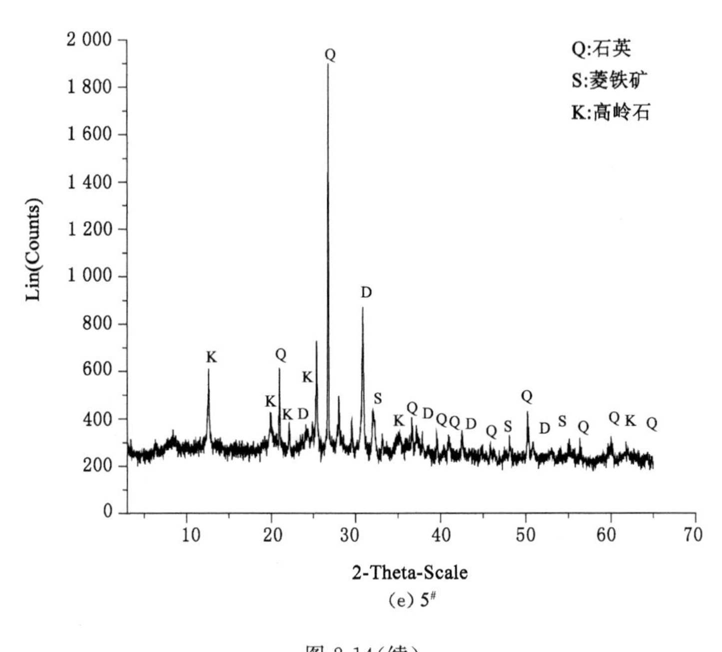

(e) 5#

图 2-14(续)

通过实验,发现各岩样均有黏土矿物成分,成分分析结果见表 2-11。

表 2-11 围岩试样 X 射线衍射成分分析结果

样品号	1#	2#	3#	4#	5#
主要成分	I/S、Q、C	I/S、Q、K、S	Q、K、D、S	I/S、Q、D、K	Q、S、K

其中:I/S 指伊利石/蒙脱石混层,Q 指石英,C 指方解石,K 指高岭石,S 指菱铁矿,D 指白云石。

从实验结果看出,巷道局部围岩成分主要包括伊利石/蒙脱石混层、石英、方解石、高岭石、菱铁矿及白云石,其中高岭土、伊利石及蒙脱石亲水性强,遇水膨胀,所以试样属于黏土类泥质膨胀岩。

从实验结果发现,1#、2#、4#样品中有较多的伊利石/蒙脱石混层,2#、3#、4#、5#均有高岭石成分。北翼岩层巷道局部围岩裂隙节理发育,巷道淋水严重,水很容易进入围岩中,其中高岭石及伊利石遇水软化、碎裂、崩解,而蒙脱石遇水体积发生膨胀,进而软化松散。

2.3 本章小结

本章对完整煤岩试样的物理力学特性和X射线衍射特性进行了研究，得到了完整煤岩试样的关键力学参数以及岩样组分数据，主要结论如下：

(1) 顶板、3#煤层以及底板单轴抗压强度分别为61.45 MPa、20.44 MPa和46.27 MPa；顶板、3#煤层以及底板抗拉强度分别为3.29 MPa、0.94 MPa和3.14 MPa；顶板、3#煤层以及底板黏聚力分别为8.74 MPa、3.85 MPa和5.09 MPa；顶板、3#煤层以及底板内摩擦角分别为37.60°、33.00°和35.50°。

(2) 1#、2#、4#样品中发现有较多的伊利石/蒙脱石混层，2#、3#、4#、5#均发现有高岭石成分。现场巷道局部围岩裂隙节理发育，巷道淋水严重，水很容易进入围岩中，其中高岭石及伊利石遇水软化、碎裂、崩解，而蒙脱石遇水体积发生膨胀，进而软化松散，导致现场巷道变形破坏严重。

3 孤岛工作面围岩结构力学分析

3.1 孤岛工作面围岩应力分布特征

3.1.1 孤岛工作面围岩应力分布特征

孤岛工作面是指准备回采的工作面周围均为采空区或者工作面顺槽两侧均为采空区的工作面，当工作面向前推进就会形成三面采空的围岩结构，所以孤岛工作面会受三面采空区支撑压力的叠加影响，从而出现高于原岩应力不少的应力集中区，孤岛工作面围岩应力分布如图 3-1 所示。

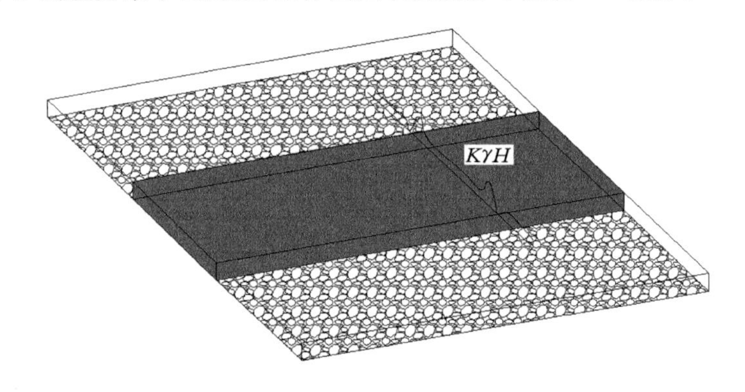

图 3-1 孤岛工作面围岩应力分布示意图

图 3-1 中，K 为应力集中系数，γ 为上覆岩层的容重，H 为煤层的埋深，$K\gamma H$ 为上区段工作面采空后在煤柱上形成的侧向支承压力，为孤岛工作面未开采前承受的静载荷。同时，孤岛工作面受本工作面采动应力场的影响，围岩应力要比一般工作面大很多，所以孤岛工作面同时受静载和采动应力场引起

的围岩应力叠加作用，在开采过程中很容易产生强矿压，且矿压显现很明显。而强矿压的产生又与孤岛工作面顶板上覆岩层活动规律密切相关，所以研究孤岛工作面上覆岩层结构特征对防治孤岛工作面回采过程中强矿压产生规律有重要意义，有助于人们研究出有效措施避免回采过程中的强矿压现象。

3.1.2 孤岛工作面上覆岩层T形结构特征分析

孤岛工作面上覆岩层在采动之前已经发生局部区域断裂，其结构通过相关的相似模拟和数值模拟研究，发现从剖面方向看有一定的特殊性，像大写英文字母T，所以把孤岛工作面上覆岩层结构称为T形结构。通过分析孤岛工作面上覆岩层T形结构特征，可为了解孤岛工作面覆岩破坏断裂特征以及预防孤岛工作面应力集中及强矿压提供理论基础。

根据已有研究，按照孤岛工作面两侧采空区的采动情况和采空区上覆岩层主关键层的断裂情况，可以把T形结构分为对称结构和非对称结构，而对称T形结构又可以根据孤岛工作面两侧采空区的采动情况和采空区上覆岩层主关键层的断裂情况，分为长臂对称和短臂对称。试验矿井4206孤岛工作面两侧的采空区情况都是充分采动，考虑到开采煤层较厚，上覆岩层主关键层应都已断裂，所以该孤岛工作面覆岩为短臂对称T形结构，如图3-2所示。

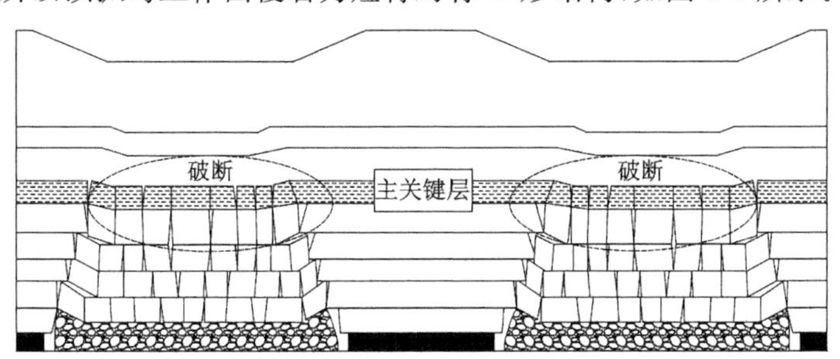

图3-2 短臂对称T形结构示意图

当孤岛工作面两侧采空区都是非充分开采，而且采空区上覆岩层主关键层都未断裂，此时的上覆岩层T形结构属于长臂对称T形结构。因采空区上覆岩层主关键层都未断裂，所以相对于短臂对称T形结构，上覆岩层长臂对称T形结构孤岛工作面的压力承受能力还是比较高的。

3.1.3 孤岛工作面三面采空的反弧形结构分析

随着工作面向前推进，孤岛工作面的顶板岩层断裂会呈“O-X”形变形规律。工作面的顶板结构会随着工作面的推进承受更大的弯矩，当顶板结构的弯矩达到或超过极限跨距时，即发生断裂，断裂的位置先出现在长边的中心位置，随即是短边中心位置，从而贯通形成“O”形；工作面顶板中央的弯矩达到或超过承受极限时，顶板开始破坏变形出现裂隙，裂隙会呈“X”形发展，最后形成“O-X”形变形。工作面不断向前推进，顶板岩层结构就会周期性地发生破裂失稳，然后稳定到再断裂失稳，从而形成沿工作面推进方向的竖形“O-X”破裂形式，如图 3-3 所示。

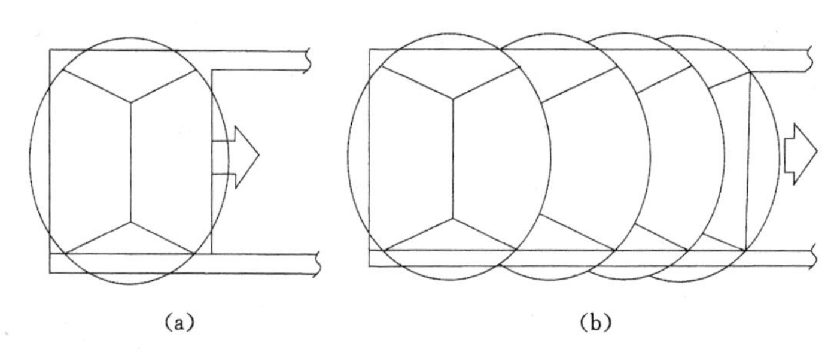

图 3-3　顶板竖“O-X”形断裂形式示意图

工作面顶板岩层运动是自下向上发展的，工作面向前推进时，顶板岩层低位层先变形弯曲，当低位层开始下沉断裂，进一步牵引高位岩层的变形弯曲，从而形成一系列由下到上的运动过程。但是高位岩层比低位岩层的极限跨距要小，所以从下向上的运动过程中，工作面的受力支点向内侧偏移，越往上“O-X”形结构越收紧，从而形成一个正梯形的顶板变形区域，如图 3-4 所示。

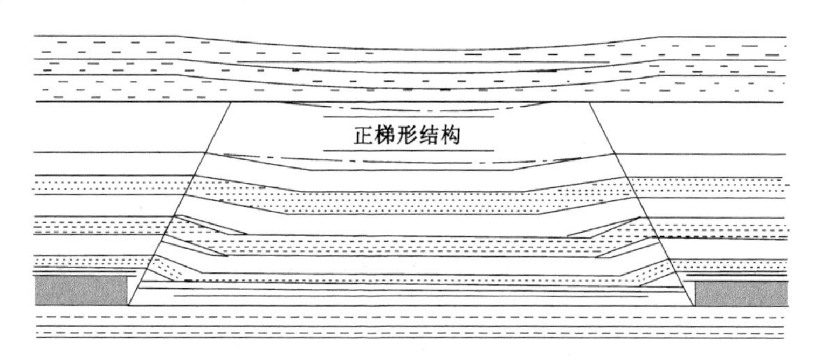

图 3-4　采空区覆岩正梯形结构示意图

由图 3-4 可知，采空区上方顶板岩层的变形区域是个正梯形的结构，对于孤岛工作面，当工作面向前推进时，三面都是采空区，也就是三面的顶板岩层都是正梯形结构的变形区域，使得孤岛工作面上方覆岩承受压力的支点自下向上地向外移动，从而在工作面上覆岩层形成一圈圈整体板状结构，呈反弧形的悬臂梁状态，本书研究的就是这种结构，如图 3-5 所示。

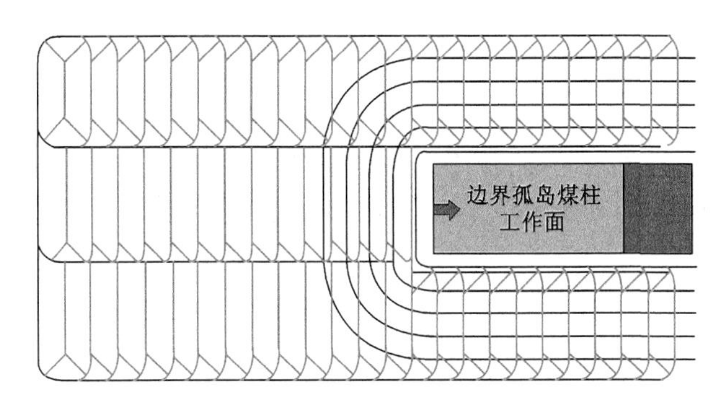

图 3-5 边角孤岛工作面反弧形覆岩结构示意图

从图 3-5 可以看出，边角孤岛工作面反弧形覆岩结构处于悬臂梁状态。与长臂对称 T 形结构相比，悬臂梁状态的孤岛工作面上覆岩层板状结构尺寸大，且完整，这是因为反弧形覆岩结构周围解除约束的部分距离孤岛工作面很近。所以，当本书研究的孤岛工作面向前推进时，其上覆岩层会受采动影响，使得工作面覆岩悬臂梁结构发生变形断裂垮落，在孤岛工作面和回采巷道形成较大应力集中，巷道及煤柱变形量大。上覆岩层悬臂梁结构如图 3-6所示。

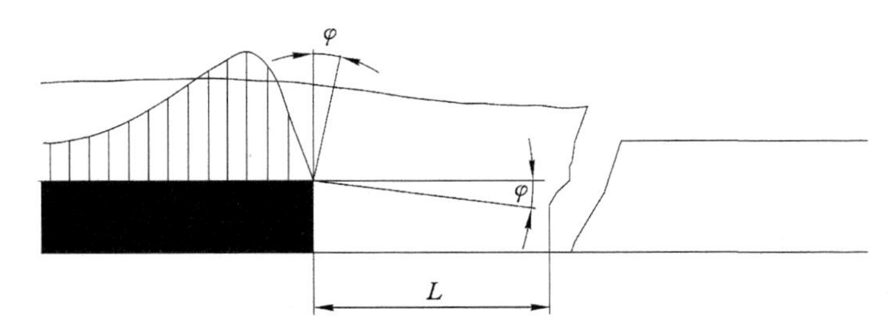

图 3-6 上覆岩层悬臂梁结构示意图

如图 3-6 所示，上覆岩层悬臂梁结构所受弯矩和下沉转角计算公式为

$$M = \frac{1}{2}qL^2 \tag{3-1}$$

$$\varphi = \frac{qL^3}{2EJ} \tag{3-2}$$

式中 L——岩梁的悬露长度，m；

J——岩梁惯性矩，m^4；

q——岩梁上方的载荷，N；

E——岩梁的弹性模量，Pa。

上覆岩层悬臂梁处在平衡条件时，煤体受到的是由岩梁施加的静载均布荷载，当平衡条件被打破，原本上覆岩层悬臂梁储存的弹性能会以动载的形式释放出来，从而对采掘工作面及回采巷道带来扰动。释放的弹性能公式为

$$W = \frac{1}{2}M\varphi = \frac{q^2L^5}{8EJ} \tag{3-3}$$

由式(3-3)可知，上覆岩层悬臂梁的长度越长，弹性能越大。因为孤岛工作面顶板反弧形覆岩结构悬臂梁长度短，覆岩运动释放的弹性能小，可知孤岛工作面的上覆岩层短臂对称 T 形结构要比其他结构的顶板预防冒顶作用强，因而上覆岩层短臂对称 T 形结构在工作面向前推进的过程中周期来压步距小。

3.2 沿空掘巷窄煤柱应力分析及变形破坏机理

3.2.1 沿空掘巷窄煤柱的基本特征

4206 孤岛工作面要受到 4204(4208)工作面回采全过程影响，当 4204(4208)工作面回采时，顶板岩层在自重及窄煤柱作用下，直接顶沿边缘外侧切断，破断的顶板呈“倒台阶”的悬臂梁状态；随着工作面的继续推进，基本顶岩梁发生破断，在其弯曲、下沉、折断、垮落的过程中，4206 孤岛工作面顶板、煤体受其影响，围岩应力持续不断变化，垂直应力显著增大，巷道围岩塑性区、破碎区显著扩大，围岩变形增长迅速。随着远离工作面，4204(4208)工作面采空区上覆岩层运动趋向稳定，上覆岩层形成稳定的大结构，采空区侧向支承压力调整速度趋于稳定，但此时靠近采空区侧煤体已发生大变形破坏，承载能力较小，之后进行沿空掘巷时若需保持巷道浅部围岩稳定，使上方形成稳定的大结构、下部支承条件不发生变化，必须采取合理的支护技术，特别是控制窄煤柱变形是保持上方大结构稳定的关键。

如图 3-7 所示，沿空掘巷窄煤柱是在上区段工作面回采后，在采空区冒落岩石稳定的条件下靠近采空区一侧为沿空掘巷所留设的护巷煤柱。按照传统护巷煤柱宽度的概念，护巷煤柱位于沿空掘巷与右侧采空区之间，宽度一定的煤柱称窄煤柱；位于下区段工作面巷道与右侧上区段工作面采空区之间，宽度一定的煤柱称为宽煤柱。

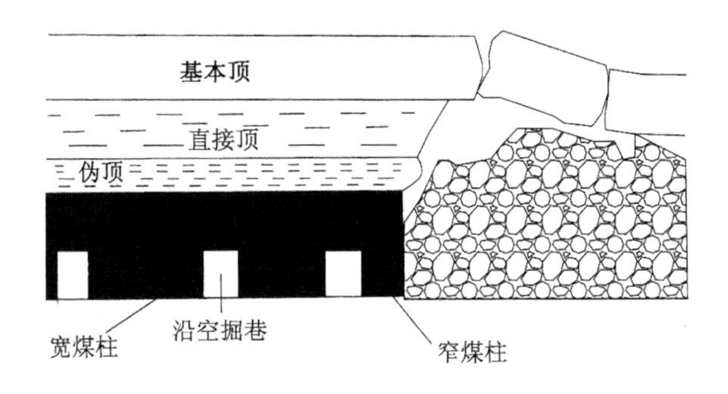

图 3-7 综放工作面沿空掘巷窄煤柱示意图

综放工作面采放以后，在其相邻的煤体、煤柱上和一定范围的冒落区内将形成增压区、减压区和免压区。当右边工作面采放后，由于煤层采放厚度大，冒落岩石和剩余浮煤难以充满采空区，基本顶下沉并在采空区边缘发生断裂，煤体上的顶板弯曲并以一定角度向采空区倾斜，侧向支承压力向煤体内转移。在顶板弯曲下沉、支承压力转移过程中，边缘煤体被破坏，形成一定厚度的破碎区，同时，在煤体边缘一定范围(一般 0～10 m)内形成应力降低区，为沿空掘巷及窄煤柱护巷创造了有利条件。

由于巷道掘出后在围岩内形成破碎区，此时，煤柱两侧均存在破碎区，承载能力较小，而左边工作面采放时，形成超前支承压力，在超前支承压力的作用下煤柱进一步压缩破碎，使顶板再一次发生断裂，巷道压力及变形量急剧增加。因而综放工作面沿空掘进的巷道在受到工作面超前支承压力作用前维护较容易，受到超前采动支承压力作用时维护困难。特点如下：

(1) 综放沿空掘巷窄煤柱位于应力降低区，有利于沿空掘巷的维护；

(2) 留窄煤柱沿空掘巷，影响了侧向支承压力分布，不仅在掘进期间巷道强烈变形，而且在掘后稳定期间仍保持较大的变形速度；

(3) 窄煤柱裂隙发育甚至破碎，自身难以保持稳定，而且其支撑作用小，增加了巷道跨度和悬顶距，沿空掘巷维护困难；

(4) 对煤柱的合理宽度一直没有统一的认识，其结论差别较大，从 1～5 m

到 15～25 m 不等；

（5）在深井厚煤层综放条件下，通过加强锚杆支护系统在沿空掘巷中的应用，可以很大程度上改善窄煤柱护巷的各种问题，保持煤柱和沿空巷道的稳定性。

根据深井厚煤层综放窄煤柱的特征可以对窄煤柱进行定义，即沿空掘巷留设的位于沿空边缘煤体支承压力降低区和煤体应力屈服区中宽度 4～10 m的护巷煤柱。

3.2.2 沿空掘巷窄煤柱应力分布

煤体开挖形成煤柱以后，上覆岩层施加的压力将重新分布，在煤柱一定深度内形成支承压力带。由于支承压力的作用和开采扰动等因素的影响，煤壁一定深度的煤岩已破坏。一般认为，煤柱边界处支撑压力为零，随着向煤柱内部深度的增加，支承压力逐渐增大，直至达到峰值 σ_1。通过对煤柱进行加载实验，发现在加载过程中煤柱的应力是变化的，如图 3-8 所示，从煤柱应力峰值 σ_1 到煤柱边界这一区段，煤体应力已超过了屈服点，并向采空区有一定量的流动，从煤柱边界至支承压力峰值这个区域称为煤柱的屈服区（或称塑性区），其宽度用 γ 表示。屈服区向里的煤体变形较小，应力没有超过屈服点，大体符合弹性法则，这个区域被屈服区所包围，并受屈服区的约束，处于三轴应力状态，称为煤柱核区（或称弹性核区）。

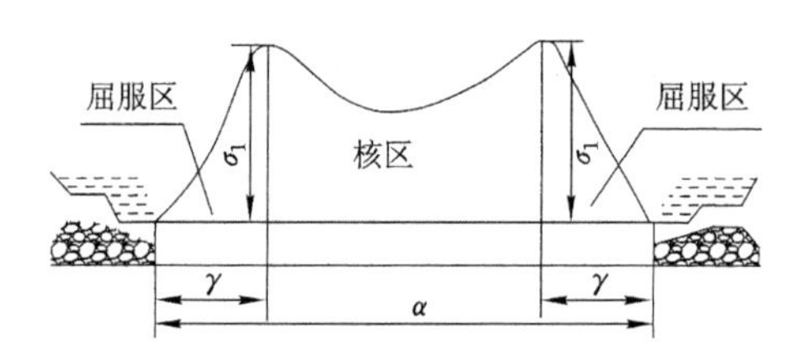

图 3-8 煤柱应力分布

综放开采沿空掘巷条件下的护巷窄煤柱不同于上述煤柱的特点，窄煤柱一侧为采空区而另一侧为沿空掘巷巷道，见图 3-9。

3.2.3 沿空掘巷窄煤柱力学分析

通过分析沿空煤体边缘应力，可以得出沿空掘巷未开掘时的煤柱应力状态，即沿空煤体处于屈服区的部分应力状态。

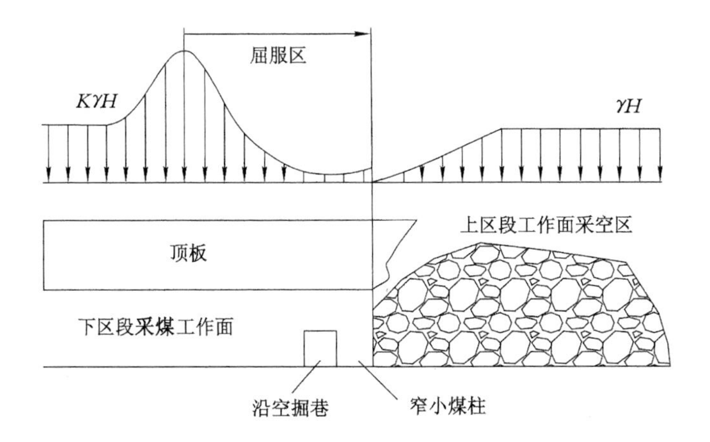

图 3-9 窄煤柱应力分布

由文献[86]可知极限平衡区内任意一点的应力为

$$\begin{cases}\sigma_y=\left[\dfrac{1}{\beta}(p_x+\gamma_0x_1\sin\alpha)+\dfrac{2c_0-M\gamma_0\sin\alpha}{2\tan\varphi_0}\right]\cdot\\ \quad e^{\frac{M\beta\gamma_0\cos\alpha-2\tan^2\varphi_0 2\tan\varphi_0}{2\beta}+\frac{2\tan\varphi_0}{M\beta}x+\left(\frac{2\tan\varphi_0}{M\beta}-\gamma_0\cos\alpha\right)y}\\ \tau_{xy}=-\left\{\left[\dfrac{1}{\beta}(p_x+\gamma_0x_1\sin\alpha)+\dfrac{2c_0-M\gamma_0\sin\alpha}{2\tan\varphi_0}\right]\cdot\right.\\ \quad \left.e^{\frac{M\beta\gamma_0\cos\alpha-2\tan^2\varphi_0 2\tan\varphi_0}{2\beta}+\frac{2\tan\varphi_0}{M\beta}x+\left(\frac{2\tan\varphi_0}{M\beta}-\gamma_0\cos\alpha\right)y}\tan\varphi_0+C_0\right\}\end{cases}\tag{3-4}$$

不考虑倾角影响下，即倾角为 0°时，屈服区距采空区一侧距离 L 为

$$L=\frac{M\beta}{2\tan\varphi}\ln\left(\frac{\beta\sigma_{y1}\tan\varphi+2\beta c_0}{2c_0\beta+2p_x\tan\varphi}\right)\tag{3-5}$$

考虑倾角影响下，倾角为 α 时，屈服区上侧与下侧距采空区距离随角度增加而产生差异，其中，屈服区上侧距采空区距离

$$L_{上}=\frac{M\beta}{2\tan\varphi}\ln\left[\frac{\beta(\sigma_{y1}\cos\alpha\tan\varphi_0+2c_0-M\gamma_0\sin\alpha)}{\beta(2c_0-M\gamma_0\sin\alpha)+2p_x\tan\varphi_0}\right]\tag{3-6}$$

屈服区下侧距采空区距离

$$L_{下}=\frac{M\beta}{2\tan\varphi}\ln\left[\frac{\beta(\sigma_{y1}\cos\alpha\tan\varphi_0+2c_0+M\gamma_0\sin\alpha)}{\beta(2c_0-M\gamma_0\sin\alpha)+2p_x\tan\varphi_0}\right]\tag{3-7}$$

对于窄煤柱，煤柱另一侧为沿空巷道，巷道掘进后周边煤岩同样也产生塑性变形。在各向等压条件下，运用极限平衡理论，圆形巷道围岩塑性区半径 R_p 的计算公式为

$$R_p = R_0 \left[\frac{(p + c \cdot \text{ctan}\ \varphi)(1 - \sin\varphi)}{p_i + c \cdot \text{ctan}\ \varphi} \right]^{\frac{1-\sin\varphi}{2\sin\varphi}} \tag{3-8}$$

式中 R_0——巷道半径，m；

p——岩层压力，$p=K\gamma H$，MPa；

γ——岩层平均容重，kg/m^3；

p_i——支护阻力，MPa；

c——煤岩黏聚力，MPa；

φ——煤岩内摩擦角，(°)。

从式(3-8)可知，煤柱中巷道围岩的塑性区半径还取决于巷道半径 R_0，煤体的强度 c、φ，支护阻力 p_i，以及埋藏深度 H 和支承压力集中系数 K。总体来说，沿空掘巷窄煤柱处于沿空煤体的应力屈服区，在沿空巷道开掘后，窄煤柱受到沿空掘巷的扰动，应力状态在处于应力降低区和屈服区的前提下将重新分布。在沿空掘巷的同时采用锚杆支护系统加强支护，可以改善窄煤柱的变形与破坏状态，维持窄煤柱的稳定性。

3.2.4 沿空掘巷窄煤柱变形破坏机理

(1) 煤柱破坏机理

当煤柱所受的应力达到煤柱极限承载能力或煤柱变形达到极限时，煤柱将出现破坏。煤柱破坏机理与岩石单轴压缩实验类似。最常见的破坏形式如图 3-10 所示。

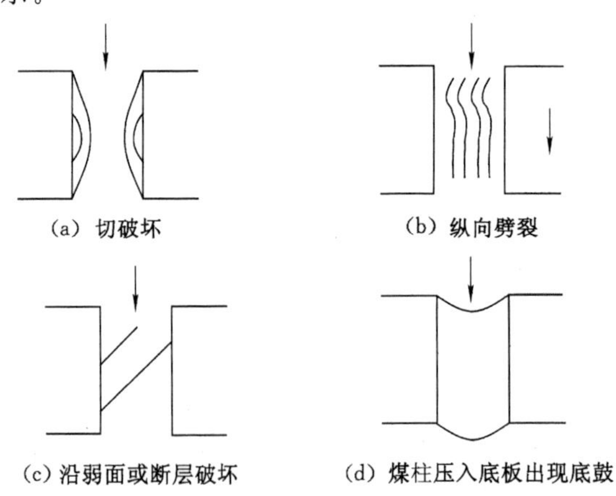

图 3-10 煤柱破坏形式

(2) 煤柱的三种工作状态

值得注意的是,煤柱载荷达到其极限值时虽出现一定的破裂,但并不表明煤柱已丧失承载能力。煤柱能否稳定,关键是看煤柱在经受采动压力的剧烈作用之后能否保持较高的承载能力。这是因为在实际开采中,随着采煤工作面的临近和离开,煤柱上的支承压力迅速增大又迅速减弱,然后稳定在较小的压力水平上。煤柱强度曲线与煤柱上载荷压力变形曲线之间的相互关系,如图 3-11 所示。

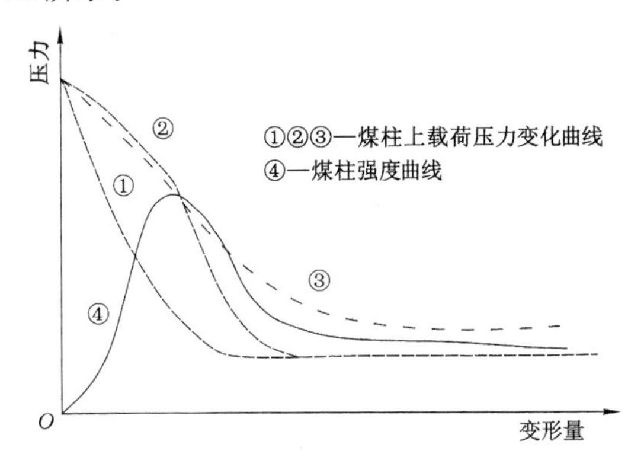

图 3-11　煤柱工作状态

由图 3-11 可见,煤柱可以有以下 3 种工作状态:

第一种状态,煤柱在低于其极限载荷下工作(图中曲线①),煤柱稳定。

第二种状态,煤柱虽已出现破坏部分,但煤柱压力迅速降低(图中曲线②),则煤柱屈服后仍可依靠残余强度承受支承压力,煤柱可继续保持自身的稳定。

第三种状态,煤柱破坏后,如果顶板载荷随顶板的下沉变化很小(图中曲线③),或煤柱强度严重降低,致使煤柱屈服后的残余强度不足以承受煤柱上的残余压力,破坏将继续发展,直至最后完全破坏。

显然,第一种状态下巷道变形最小,煤柱可以不支护,但要是煤柱处于第一种状态下,势必要求采用较大的煤柱宽度,增加煤柱损失,在厚煤层综放条件下很难达到其要求。第三种状态巷道变形量最大,煤柱将遭到严重破坏,因而应避免此种情况的发生,在此条件下,必须提前对煤柱实行强力支护与加固,增强煤柱承受采动压力作用的能力,并使煤柱具有较高的残余强度,以承受较高的残余压力。煤柱处于第二种工作状态较为理想,它能在承受高峰压力时,允许煤柱出现一定的塑性变形,但在采动压力过后,仍具有较高的承载能力，并足以承担残余压力的作用。

(3) 影响煤柱工作状态的因素分析

① 载荷大小

煤柱所受动载大小，主要与直接顶在采空区的充填程度有关，当直接顶板容易冒落，厚度大于煤层采厚的3～5倍时，动载显现不明显；相反，如果直接顶在采空区的充填程度较差，动载显现将十分显著。

② 宽高比的影响

煤柱自身形状宽高比对其应力分布及其强度也有不可忽视的影响。宽度大、高度小的煤柱，其中央部位处于三向压缩状态，具有较高的抗压强度。

煤柱强度与宽高比的关系大致可用下式表示：

$$S_p = \left(\frac{B_p}{h}\right)^{\frac{1}{2}} S_c \tag{3-9}$$

式中 S_p——煤柱宽高比为 B_p/h 时的强度；

S_c——$B_p/h=1$ 时的强度或立方体试块的强度。

由前述的留巷煤柱顶煤结构图可以看出，在现有条件下，煤柱实际高度可以按巷高3.5 m计算。所以，当煤柱宽度 B_p 为3～6 m时，$B_p/h=1\sim2$，则式(3-9)变为 $S_p=(1\sim2)S_c$。

③ 承载时间

由于流变效应的影响，随承载时间增加，煤体强度降低，所以当巷道服务时间较长时，一般需要用长时强度系数对试件抗压强度进行修正。长时强度系数取0.7～0.8。

④ 锚杆加固作用

如前所述，由于巷道开挖解除约束及采动压力的作用，在煤柱两侧的表层煤层内引起应力松弛或局部破坏，形成低应力破坏区，煤柱强度显著降低。因此，用锚杆支护提前加固煤柱，增大煤柱侧向压力，将显著提高煤柱强度。而且，在一定范围内，对高度大、宽度小的煤柱，加固作用更为明显。

3.3 综放工作面围岩应力分布

3.3.1 综放沿空巷道基本顶破断的基本规律

由文献[86]可知，极限分析、板破断的相似材料模拟试验以及现场观测均已证明：长壁工作面自开切眼向前推进一段距离时，首先在悬露基本顶的中央及两个长边形成平行的断裂线Ⅰ₁、Ⅰ₂，再在短边形成断裂线Ⅱ，并与断裂线Ⅰ₁、Ⅰ₂贯通，最后基本顶岩层沿断裂线Ⅰ和Ⅱ回转且形成分块断裂线Ⅲ，从而形成结构块 1、2。基本顶在采空区中部接触矸石后，运动较平缓。基本顶初次破断后的平面图形近似呈椭圆状，如图 3-12 所示，其中 a_0 和 a 分别为基本顶初次破断距和周期破断距。

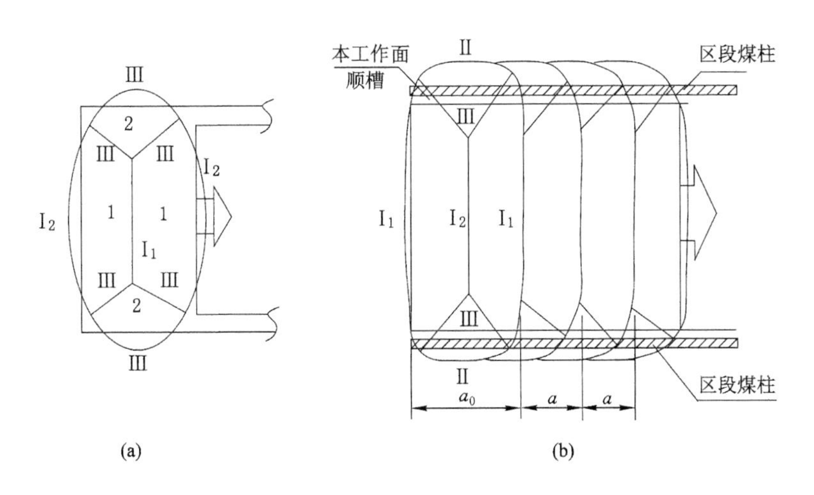

图 3-12 长壁工作面基本顶断裂的基本形态

基本顶断裂后，完整的顶板被分割成若干个结构块，各结构块相互挤压，形成随机平衡的空间结构。在四边固支或由固支与简支组合的边界条件下，初次断裂后形成“O-X”形暂时拱式结构，其特点是拱顶呈“X”形咬合线，拱脚呈“O”形咬合线，破断结构块主要由一对梯形块和一对扇形块组合成屋顶状结构，由“X”形拱顶咬合线和“O”形拱脚咬合线的挤压失稳、回转运动引起初次来压。初次来压后，顶板受力条件发生了根本变化，其中一边成为自由边，顶板结构成为半“O-X”形的悬壁结构，如图 3-12(b)所示，该结构的失稳引起周期来压。

基本顶的侧向断裂位置距煤壁的距离 X_0，主要取决于基本顶垮落步距、基本顶强度及下部基础刚度。按弹性基础梁理论，X_0 由下式确定：

初次断裂时

$$X_0 = \frac{1}{\beta}\arctan\frac{2}{2+\beta L} \tag{3-10}$$

周期断裂时

$$X_0 = \frac{1}{\beta}\arctan\frac{3}{3+4\beta b_x} \tag{3-11}$$

其中

$$\beta=\sqrt[4]{\frac{K}{4EI}}$$

式中 E——基本顶弹性模量，MPa；

I——基本顶抗弯模量，m^4；

L——初次来压步距，m；

b_x——周期来压步距，m；

K——基础刚度，Pa/m，它由煤层、直接顶、底板浅部各岩层的弹性常数及厚度决定，见式(3-12)。

$$K_i = \frac{E_i}{(1-\mu_i^2)h_i};\frac{1}{K} = \sum_{i=1}^{n}\frac{1}{K_i} \tag{3-12}$$

式中 K_i——基础中第 i 层的刚度，Pa/m；

E_i——第 i 层的弹性模量，MPa；

μ_i——第 i 层的泊松比；

h_i——第 i 层的厚度，m。

由上述表达式得到 X_0 与基础刚度 K、基本顶弹性模量 E、周期来压步距 b_x 等的关系，如图 3-13 所示。

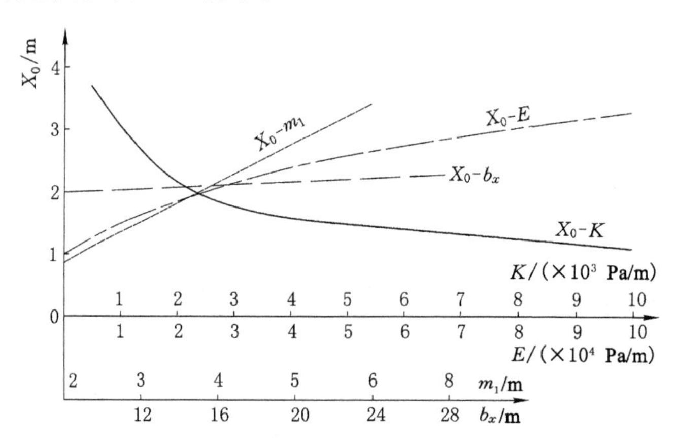

图 3-13　基本顶断裂位置的变化规律

由图 3-13 可以看出，X_0 随基础刚度 K 的增大即基础嵌固能力增大而减小、随基本顶刚度 E_i 的增大而增大、随煤层采出厚度 m_1 的增加而增大，但

随垮落步距 b_x 改变变化不明显。通过对基本顶的破断规律可知，沿空掘巷后，基本顶的周期垮落将会对留设的煤柱造成很大影响，煤柱的稳定性关乎着巷道维护的稳定性，为保证生产的安全高效有序，需要对煤柱的基本特征、受力状态及理论宽度的留设进行分析。

3.3.2 综放采场围岩应力分布规律

矿压显现是矿井生产中的常见现象，例如煤壁片帮、支架变形、巷道顶板下沉、巷道底鼓等现象，都是矿井生产过程中矿压显现的结果。矿压显现是由于煤矿开采破坏了井下地质原有的力学平衡，使岩体中的原岩应力重新分布造成的。工作面系统是矿井生产系统的主要组成部分，包括采煤工作面和回采巷道。自采煤工作面向前推进开始采煤后，就开始出现采空区。采空区上覆顶板岩层因无煤层支撑呈悬臂梁结构，随着工作面向前推进，顶板悬臂梁结构达到或者超过其极限承载能力，采空区顶板开始破坏断裂，形成基本顶的初次来压，释放的能量和压力传递到工作面的实体煤上和采空区后方的垮落岩石上。而回采巷道不仅在巷道掘进过程中有矿压显现现象，还受到工作面采煤时的二次采动动压影响。工作面回采后周围支承压力分布情况如图 3-14 所示。

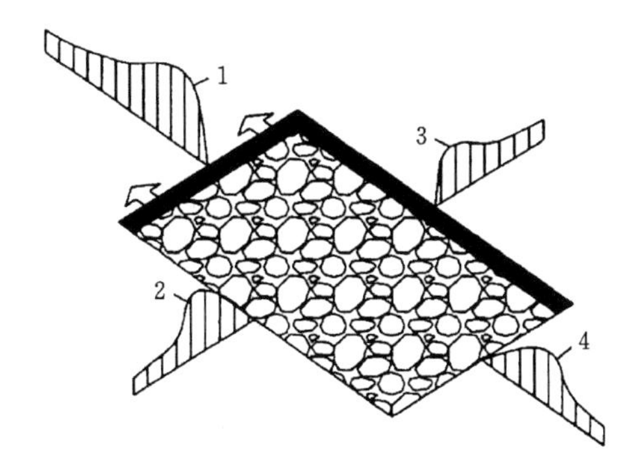

1—工作面前方超前支承压力；2，3—工作面侧向支承压力；4—工作面后方采空区支承压力。

图 3-14 工作面回采后周围支承压力分布图

由图 3-14 可以看出，在工作面回采后，超前支承压力分布区会出现在回采后的工作面前方实体煤和上覆岩层内，而且在距工作面煤壁前方不远距离的煤体上即是超前支承压力的峰值位置，整个工作面的超前支承压力分布区会随着工作面的向前推进而前移。采煤工作面向前推进一定距离后，基本顶初次来压时，基本顶开始在工作面后方采空区断裂下沉，伪顶和直接顶垮落填充采空区，随着顶板的下沉运动，采空区的冒落碎石逐渐压实，后方采空区渐渐趋于稳定，上覆岩层的连续下沉会减缓，被压实的碎石能够承载采空区上覆岩层传来的荷载，从而在采空区后方形成采空区支承压力区。采空区后方的支承压力区比工作面两侧侧向支承压力区和工作面前方超前支承压力区都要小。在工作面两侧的侧向支承压力区相对较稳定，分布规律并不随工作面的移动而发生较大的变化。

各向支承压力的显现特征主要通过支承压力影响范围 X、分布形式和支承压力峰值来表示。应力集中系数 K 是支承压力峰值与上覆岩层自重应力的比值。与支承压力分布有关的主要参数包括煤体边缘已破坏区的宽度 X_0、煤体内处于塑性状态的塑性区宽度 X_1 以及弹性区宽度 X_2，则 $X=X_1+X_2+X_3$ 为支承压力的影响范围。

3.4 沿空掘巷窄煤柱宽度的理论确定

3.4.1 沿空窄煤柱巷道煤柱宽度留设的基本原则

沿空巷道窄煤柱宽度的合理选择是沿空巷道掘进与支护技术的关键环节之一，煤柱尺寸过大或过小都不利于巷道的支护和维护，根据沿空窄煤柱护巷机理，窄煤柱留设宽度必须满足以下几点要求：

(1) 有利于巷道采用锚杆支护，保证巷道围岩相对完整，松动范围较小，充分发挥锚杆的锚固作用和围岩自身承载能力；

(2) 有利于提高采区采出率，尽可能地减少煤柱损失；

(3) 有利于隔离采空区，不向采空区漏风，利于防止瓦斯、火等灾害的发生；

(4) 有利于巷道维护，使巷道布置在上区段采空区两侧煤体上方的支承压力降低区内，避免相邻采区回采后残余支承压力与超前支承压力的叠加作用。

3.4.2 沿空巷道窄煤柱宽度的理论确定

由于 4208 采空区低点已形成 15 m 高的积水，4206 孤岛工作面两顺槽掘进前以及采掘过程中必须采取疏排水措施，保证采空区内无积水或残余积水对煤柱和工作面生产不造成影响。因此，4206 孤岛工作面煤柱留设时不必过多考虑采空区积水的影响。

根据沿空窄煤柱宽度留设的基本要求，确定窄煤柱宽度一般有理论计算法、数值模拟法和工程类比法这三种方法。

(1) 理论计算法

这种方法主要是通过计算模型(图 3-15)的建立和简化，在考虑提高锚杆锚固力和支护作用的前提下，使煤柱宽度尽可能小，综合影响巷道围岩稳定性的主要因素，确定合理煤柱宽度的计算公式为

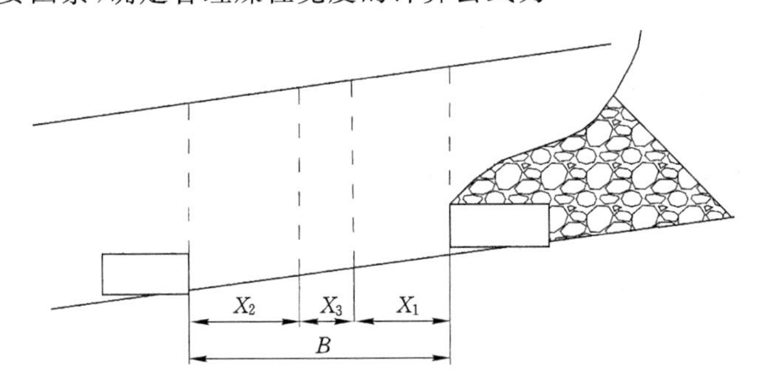

图 3-15 理论煤柱宽度计算模型

$$B = X_1 + X_2 + X_3 \tag{3-13}$$

式中 X_1——上区段工作面开采后在采空区侧煤体中产生的塑性区宽度；

X_2——帮锚杆有效长度，取矿上现有帮锚杆长度 2.5 m；

X_3——考虑煤层厚度较大而增加的煤柱宽度富余量，一般按 $X_1 + X_2$ 值的 15%～35%计算。

其中

$$X_1 = \frac{mA}{2\tan\varphi_0}\ln\left|\frac{k\gamma H + \frac{C_0}{\tan\varphi_0}}{\frac{C_0}{\tan\varphi_0} + \frac{P_z}{A}}\right| \tag{3-14}$$

式中 m——巷道高度，4.6 m；

A——侧压系数，取 0.85；

φ_0——煤层界面的内摩擦角，30°；

C_0——煤层界面的黏聚力，取 1.5 MPa；

k——应力集中系数，取 3；

γ——上覆岩层的平均容重，取 25 kN/m³；

H——巷道埋深，平均 491 m，计算中取 500 m；

P_z——锚杆对煤帮的支护阻力，取 0.08 MPa。

将第 2 章所提到的巷道围岩的力学参数及假设的支护参数代入以上公式，就可以求得沿空窄煤柱宽度的理论值，最终计算所得煤柱宽度为 13.9～15.7 m。

（2）数值模拟法

通过对煤柱宽度不同尺寸的设计方案进行模拟计算，分析巷道围岩的表面位移、深部位移和应力的分布情况以及塑性区范围和锚杆受力状况，获得沿空窄煤柱宽度的最优解，这是目前极为流行也是十分有效的方法之一。

（3）工程类比法

这是一种煤矿设计沿空巷道窄煤柱宽度常用的方法，也是一种比较直接、简便的方法，但是由于巷道工程地质条件比较复杂，各种围岩力学参数的确定难以把握，因此这种方法需要较丰富的现场实践经验，有时工程类比法得出的结果会与现场实际要求有一定的差异。

以上三种沿空窄煤柱宽度计算方法各有优缺点，在实际巷道支护设计时，往往采取三种方法相结合来确定窄煤柱合理尺寸。

3.5 本章小结

由于 4204 和 4208 工作面先于 4206 工作面采完，因此 4206 工作面形成孤岛工作面，上部形成 T 形结构，周期来压步距变小，其上覆岩层运动和矿压显现规律与一般开采技术条件有很大差别，回采区域应力集中程度较高，存在较强的矿压。

通过理论计算的方法得出，4206 孤岛工作面两顺槽理论煤柱宽度应当在 13.9～15.7 m。

4　孤岛工作面沿空掘巷围岩变形机理

4.1　模型建立与方案设计

4.1.1　数值软件介绍

FLAC 3D 目前用于模拟三维土体、岩体或其他材料体力学特性，尤其是达到屈服极限时的塑性流变特性，广泛应用于地下硐室、隧道工程、矿山工程、支护设计及评价、施工设计、边坡稳定性评价、拱坝稳定分析等多个领域，已成为目前岩土力学计算中的重要数值方法之一。

FLAC 3D 在采矿工程、岩土工程领域的数值分析方面的特点和优势主要体现在以下几个方面：

(1) 包含 11 种材料本构模型。

① 空单元模型。

② 3 种弹性模型：各向同性、正交各向异性和横向各向同性。

③ 7 种塑性模型：Drucker-Prager(德鲁克-普拉格)模型，莫尔-库仑模型，应变硬化、软化模型，多节理模型，双线性应变硬化、软化多节理模型，D-Y模型，修正的剑桥模型。

每个单元可以有不同的材料模型或参数，材料参数可以为线性分布或非线性分布。

(2) 有 5 种计算模式。

① 静力模式：这是 FLAC 3D 的默认模式，通过动态松弛方法获得表态解。

② 动力模式：用户可以直接输入加速度、速度或应力波作为系统的边界条件或初始条件，边界可以吸收边界和自由边界。动力计算可以与渗流问题相耦合。

③ 蠕变模式:有 5 种蠕变本构模型可供选择,以模拟材料的应力-应变-时间关系:Maxwell(马克斯韦尔)模型、双指数模型、参考蠕变模型、黏塑性模型和碎岩模型。

④ 渗流模式:可以模拟地下水流、孔隙压力耗散以及可变孔隙介质与其间的黏性液体的耦合。渗流服从各向同性达西定律,液体和孔隙介质均被看作可变形体。考虑非稳定流,将稳定流看作是非稳定流的特例。边界条件可以是孔隙压力或恒定流,以模拟水源或井。渗流计算可以与静力、动力或温度计算耦合,也可以单独计算。

⑤ 温度模式:可以模拟材料中的瞬态热传导以及温度应力。温度计算可以与静力、动力或渗流计算耦合,也可单独计算。

(3) 可以模拟多种结构形式。

① 对于通常的岩体、土体或其他实体,用八节点六面体单元模拟。

② FLAC 3D 的网格中可以有分解面,这种分解面将计算网格分割为若干部分,分界面两边的网格可以分离,也可以发生滑动,因此,分界面可以模拟节理、断层或虚拟的物理边界。

③ FLAC 3D 包含 4 种结构单元,即梁单元、锚单元、桩单元和壳单元,可用来模拟岩土工程中的人工结构,如支护、初砌、锚索、岩栓、摩擦桩和板桩等。

(4) 有多种边界条件。

边界方位可以任意变化。边界条件可以是速度边界、应力边界,单元内部可以给定初始应力,节点可以给定初始位移、速度等,还可以给定地下水位以计算有效应力,所有给定量都可以具有空间梯度分布。

(5) FLAC 3D 内嵌了功能强大的 FISH 编程语言,可以根据不同领域和工程背景用户的特殊需要自定义参数和函数。通过掌握 FISH 语言编程设计,可以实现自定义材料分布规律、设计针对用户的自定义单元形态、试验过程的伺服控制、自动分析参数等功能。

4.1.2 数值模型的建立

4.1.2.1 采矿地质条件

试验矿井位于陕西省境内,据现场调研与资料搜集,盘区地质综合柱状图如图 4-1 所示。试验区工作面煤层赋存较稳定,煤层厚度 7.20~8.46 m,平均厚度 7.83 m。煤层为近水平,倾角在 2°~4°,平均在 3°左右。煤层夹矸 1~5 层,厚度 0.20~2.10 m,平均 1.15 m。通过 42 盘区三条大巷及工作面两巷道的实际揭露,工作面地质构造简单,未发现大的构造存在,预计回采

柱状	真厚/m	累深/m	岩石名称	岩性描述
	4.33	582.1	粉细互层	灰黑色、深灰色斜层理及斜波状层理
	1.97	584.1	细砂岩	灰白色、灰黑色，斜波状层理，含云母质点植物化石
	2.99	587.1	粉砂岩	灰褐色、深灰色水平层理，含黄铁矿结核、植物化石
	6.29	593.4	中砂岩	灰白色，云母、石英组成，泥质胶结，断续波状层理，含黄铁矿结核、煤屑
	4.00	597.4	粉砂岩	深灰色、黑灰色，条带状、微波状层理，含植物化石、黄铁矿结核、菱铁质透镜体
	2.12	599.5	煤4-1	黑色块状，主要由暗煤组成，沥青光泽，半亮型煤
	1.00	600.5	粉砂岩	深灰色，水平层理，含植物化石、黄铁矿结核、云母质点
	9.35	609.8	煤4-2	黑色块状，主要由暗煤、亮煤组成，半亮型煤
	1.93	611.8	细砂岩	深灰色、灰褐色，水平层理，含植物化石
	1.40	613.2	碳质泥岩	黑色块状，夹薄煤及砂质泥岩
	1.00	614.2	粉砂岩	黑色、褐黑色，水平层理，含根部化石

图 4-1 地质综合柱状图

过程中不会遭遇大的地质构造发育。煤层的顶板岩性以灰色中粒长石石英砂岩为主，次为灰黑色、深灰色粉砂岩与细砂岩互层；底板主要为细砂岩、灰杂色碳质泥岩和少量灰白色泥质矿岩。

如图 4-2 所示，42 盘区以三条盘区大巷成两翼布置，共布置 10 个工作面，其中与 41 盘区相邻的东翼分别为 4202、4204、4206、4208 和 4210 工作面。由于 41 盘区顺序开采时矿压显现非常剧烈，尤其在采掘对推过程中，工作面顶板冒落、巷道围岩变形破坏且极难维护，安全性差且维护成本很高，除此之外，采掘接替紧张，严重地制约了矿井高效生产。为了避免 41 盘区矿压明显的问题，42 盘区选择了非顺序开采方式，盘区东翼工作面开采顺序即

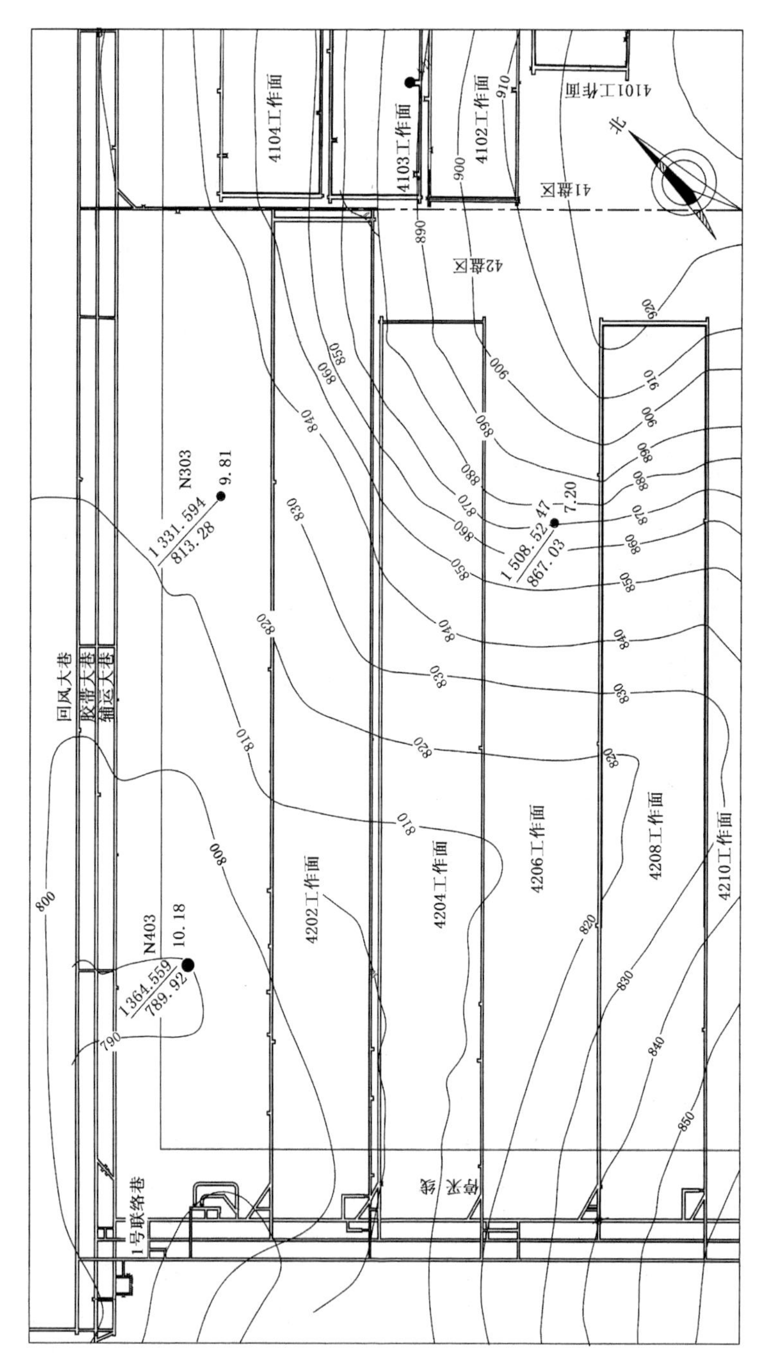

图4-2　42盘区采掘工程平面图

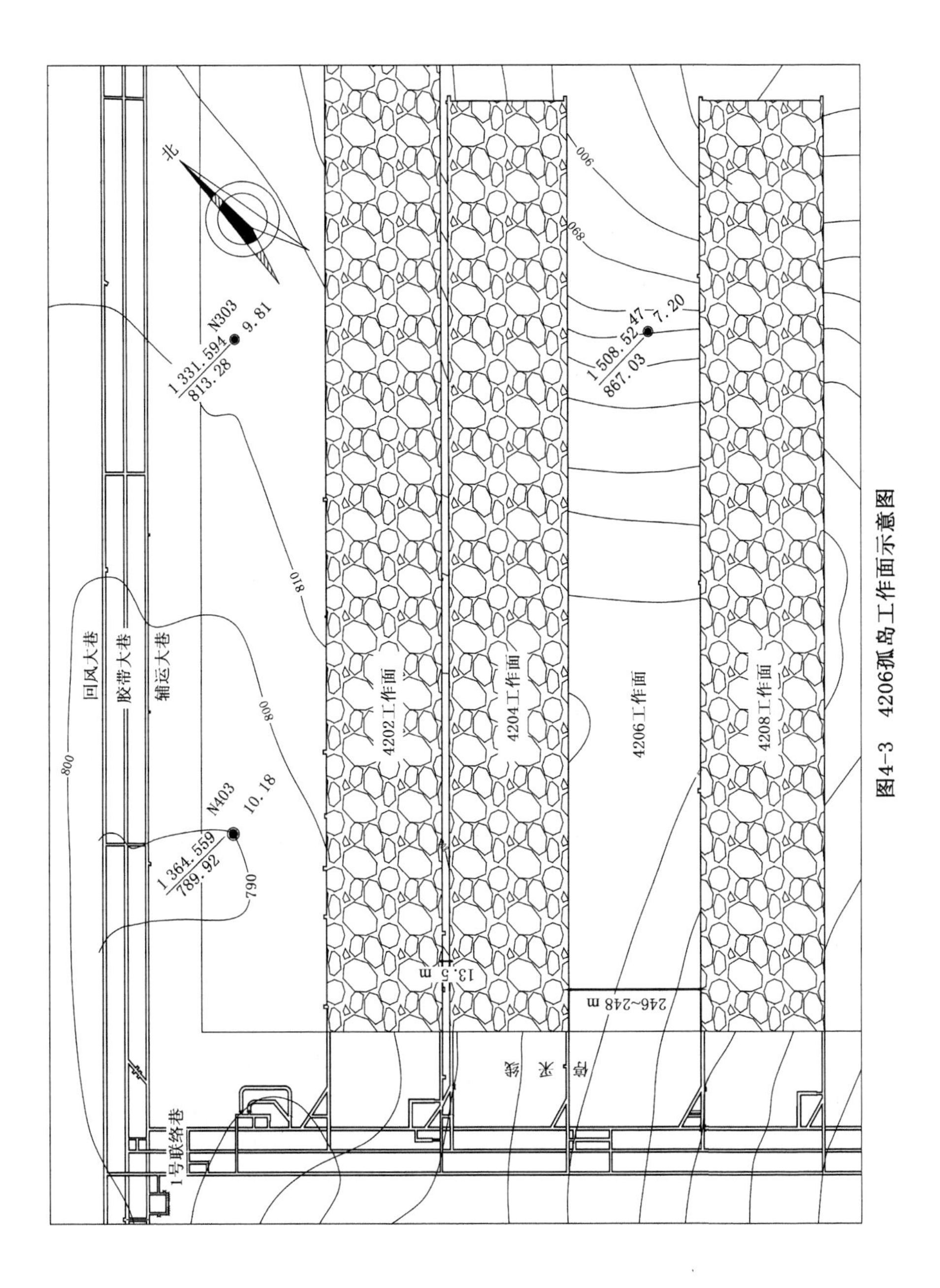

图4-3　4206孤岛工作面示意图

4202→4208→4204(单孤岛)→4206(双孤岛),因此形成了4206孤岛工作面,如图4-3所示。4206孤岛工作面位于4-2煤层,地面标高+1 260~+1 471 m,井下标高+790~+874 m,埋深较大,自然地压较大,走向长度2 132.931 m,煤层厚度7.20~8.46 m,平均厚度7.83 m,平均倾角4°左右,夹矸1~5层,厚度1.15 m左右,工作面概况见表4-1。

表4-1　4206孤岛工作面概况

煤层名称	4-2煤
盘区名称	42盘区
工作面名称	4206孤岛工作面
工作面埋深/m	432~565,平均埋深491
地面位置建筑物及其他	工作面相对地面山峦起伏,植被发育,森林茂密,工作面中部相对地面无河流、支流流经
井下位置及四邻采掘情况	工作面位于42盘区东部,工作面呈西南—东北方向布置,其南为4208工作面(已开采),北界为4204工作面(已开采)

4.1.2.2　模型尺寸设计

4204和4208工作面之间煤柱宽度为246~248 m,顺槽开挖后,顶、底板应力重新分布,围岩发生变形、移动甚至破坏,但是顺槽开挖对围岩的影响范围是一定的,在距离顺槽较远处,其应力变化可以忽略。因此,设计模型(包括4206孤岛工作面及运输顺槽、回风顺槽)大小:长×宽×高=800 m×300 m×40 m,如图4-4所示。

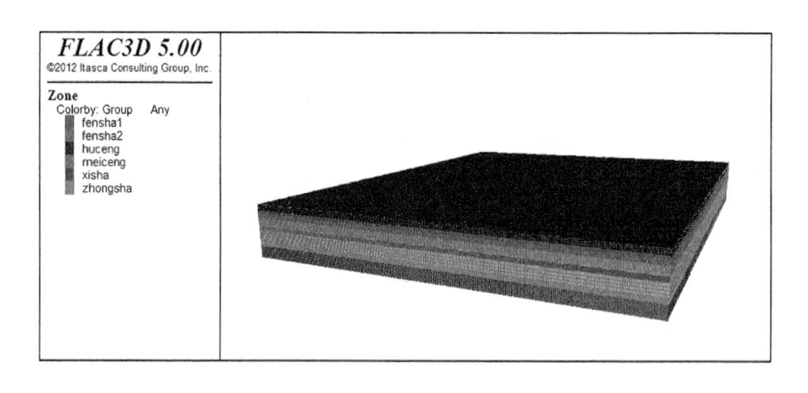

图4-4　初始模型

4.1.2.3 边界条件选择

模型位移边界条件：模型 x 方向上采用滚动支承，限制 x 方向位移；y 方向上采用滚动支承限制 y 方向位移；在模型底边界采用位移边界，限制 z 方向位移；模型上边界采用自由边界，施加垂直应力。见图 4-5。

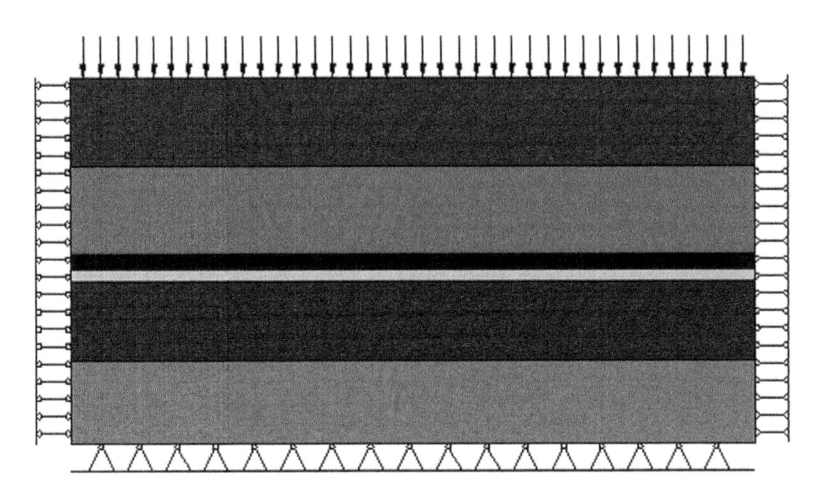

图 4-5 综放工作面沿空掘巷数值计算模型边界设置

4.1.2.4 围岩本构模型

顺槽围岩采用莫尔-库仑模型，初始应力平衡状况如图 4-6 所示。

如图 4-6 所示，工作面所处埋深在 500 m 左右，工作面原岩应力为 13.6 MPa。

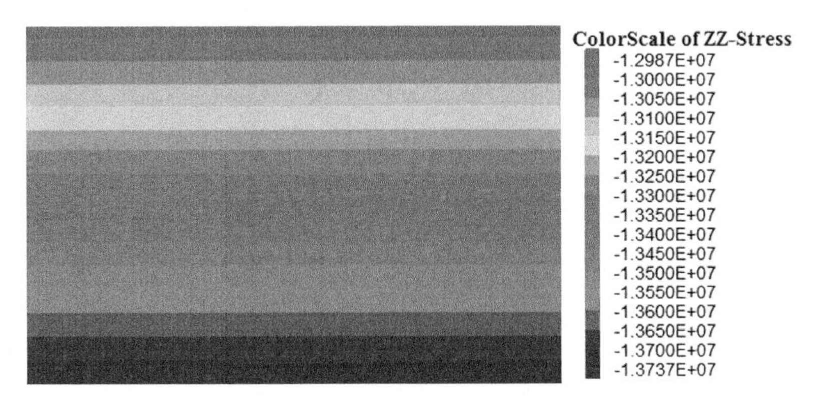

图 4-6 初始平衡应力

4.2 孤岛工作面围岩应力分布特征

影响煤柱稳定性的因素较多，通过上面对综放采面的围岩应力分布的分析，我们发现，在临近综放工作面采场的煤壁中，支承压力分布呈现出先上升后下降的趋势，在临近采空区边缘的位置，煤壁内的应力低于原岩应力，为应力降低区；在远离采空区的位置，煤壁内应力等于原岩应力，此为原岩应力区；原岩应力区和应力降低区之间为应力升高区，此处煤壁内的应力大于原岩应力。

从安全的角度考虑，沿空掘巷时尽可能地将所留窄煤柱放置在应力降低区或原岩应力区内，因此对 4206 两顺槽所留设煤柱宽度应当大于应力降低区范围。

在回采 4204 工作面及 4208 工作面时，随着工作面的推进，基本顶初次来压形成“O-X”形破断；周期来压在工作面端头形成弧形三角块，对 4206 孤岛工作面形成侧向支承压力，对沿空掘巷所留煤柱的稳定造成直接影响，侧向支承压力分布如图 4-7 所示。

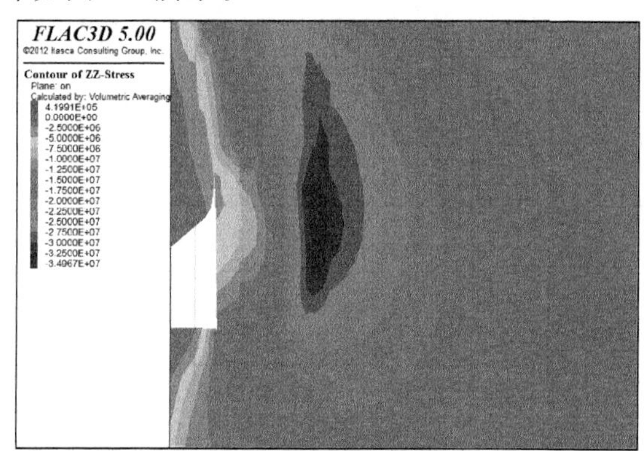

图 4-7　4206 孤岛工作面侧向支承压力分布

从采空区边缘开始每隔 1 m 设立一个监测点，监测煤层内垂直应力，确定应力降低区以及应力升高区的范围。监测数据见表 4-2。

在靠近采空区边缘的位置，由于临近工作面的采空区，煤体由三维应力状态变为二维应力状态，煤体内的应力能够向采空区释放，越靠近采空区的位置，应力释放越明显，因此在采空区边缘形成应力降低区。同时顶板在采空区边缘断裂，形成弧形三角块，弧形三角块结构使煤体受压，在应力降低区前方形成应力集中,此为应力升高区。留设煤柱时,为了安全考虑,同时也为了减少煤柱变形,应当避开应力升高区。随着工作面继续向煤体内部前进,采空区边缘的应力释放及弧形三角块的承压对煤体内的原岩应力影响变小,当距离足够时,围岩应力恢复到原岩应力,此为原岩应力区。

表 4-2 4206 孤岛工作面垂直应力监测表

监测点	垂直应力/MPa	垂直应力系数	监测点	垂直应力/MPa	垂直应力系数
1	6.4	0.47	14	18.2	1.34
2	9.0	0.66	15	16.9	1.24
3	12.6	0.93	16	16.3	1.20
4	19.8	1.46	17	15.9	1.17
5	28.5	2.10	18	15.5	1.14
6	33.3	2.45	19	15.5	1.14
7	33.9	2.49	20	14.7	1.08
8	29.8	2.19	21	14.6	1.07
9	26.1	1.92	22	14.3	1.05
10	23.5	1.73	23	14.3	1.05
11	21.4	1.57	24	14.0	1.03
12	19.9	1.46	25	13.6	1.00
13	18.7	1.38			

孤岛工作面上部为T形结构,回采区域应力较为集中,矿压显现较为明显,为了提高煤柱的稳定性,减小巷道围岩变形,保证支护的安全性,应当将煤柱留设宽度控制在应力降低区之内或者能够达到原岩应力区。

由图4-8可知,在采空区边缘0～3 m的位置为应力降低区,距离采空区边缘3～25 m的位置为应力升高区。最小垂直应力出现在距采空区1 m的位置处,垂直应力系数为0.47;最大垂直应力出现在7 m位置处,垂直应力系数为2.49。在3～7 m位置,垂直应力逐渐上升,上升速度较快,不适宜留煤柱。到达15 m时,垂直应力16.9 MPa,垂直应力系数1.24,是原岩应力的124%。到达25 m位置,垂直应力系数为1。

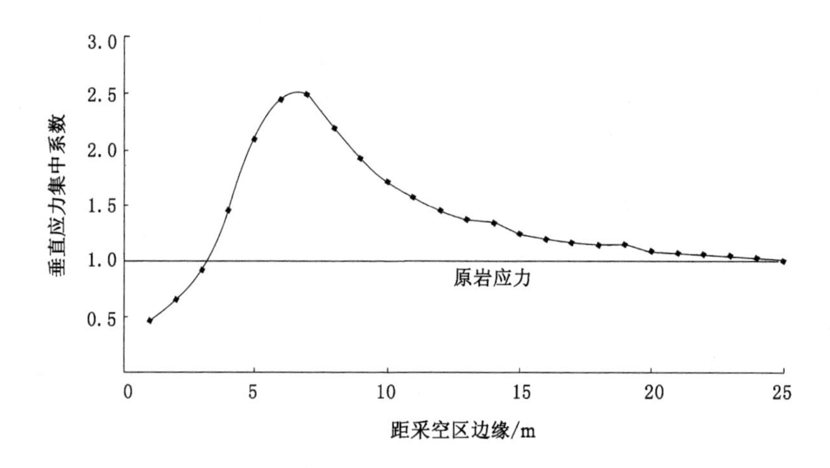

图 4-8　4206 孤岛工作面侧向支承压力分布图

4.3　孤岛工作面煤柱尺寸优化

理论计算中确定的两顺槽煤柱的合理范围为 13.9～15.7 m，数值计算模型考虑 12～16 m 的煤柱尺寸。待 4204 和 4208 工作面采空区覆岩稳定后，理论上 4206 孤岛工作面两顺槽围岩应力和所留设煤柱内应力分布是相同的，但考虑运输顺槽断面尺寸较回风顺槽大[运输顺槽弧形断面 5 800 mm（宽）×4 600 mm（中高）；回风顺槽弧形断面 5 200 mm（宽）×3 700 mm（中高）]，运输顺槽自身的围岩稳定性及对煤柱的影响均比回风顺槽大。因此，以运输顺槽煤柱宽度为例进行模拟研究，最终选择合理的煤柱宽度。

在实际生产过程中，不但要考虑巷道掘进期间煤柱的稳定性，也要考虑在 4206 孤岛工作面回采时在超前支承应力影响下的煤柱稳定性及工作面推进后，煤柱是否能够阻挡 4206 孤岛工作面采空区和 4204 及 4208 工作面采空区之间的相互漏风。因此在煤柱模拟时，分巷道掘进期间和巷道回采期间两个阶段分别模拟，其中巷道回采期间又分为 6 个断面。

4.3.1　煤柱宽度为 12 m 时数值模拟分析

4.3.1.1　巷道掘进期间

巷道掘进期间 12 m 煤柱的稳定性数值模拟如图 4-9 所示。

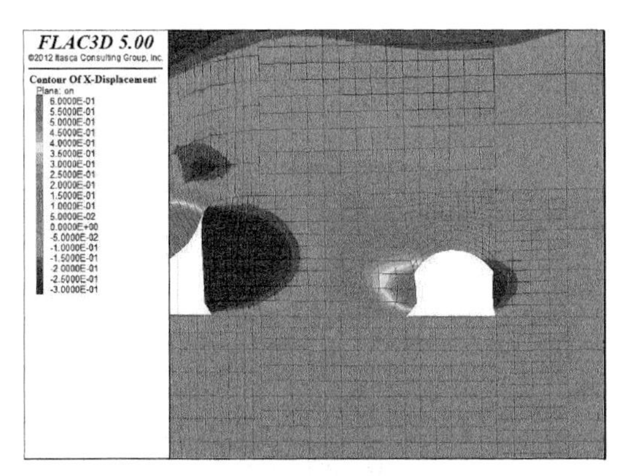

（a） 巷道水平变形

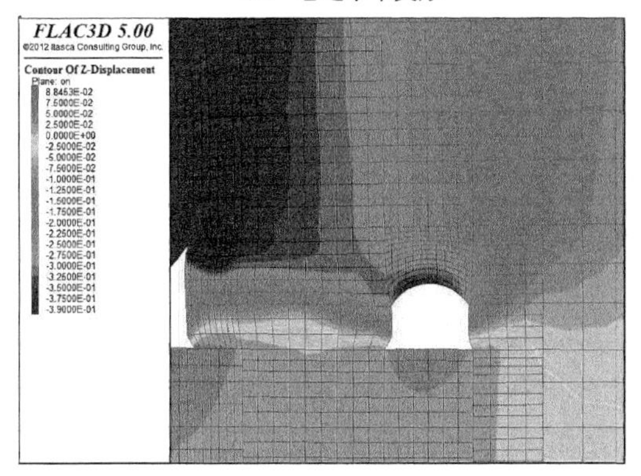

（b）巷道垂直变形

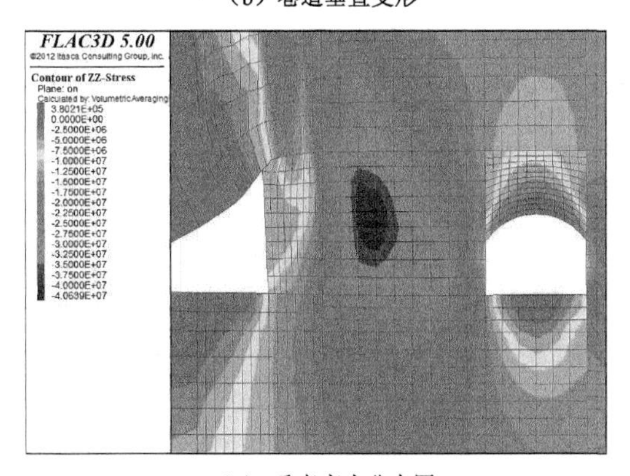

（c） 垂直应力分布图

图 4-9　12 m 煤柱巷道掘进期间煤柱稳定性模拟

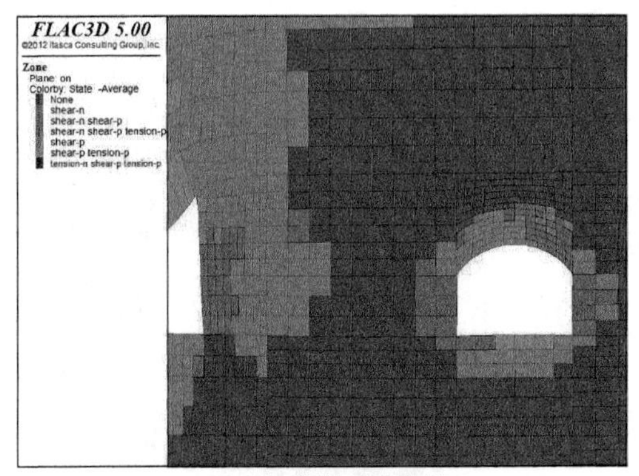

(d) 塑性区分布图

图 4-9(续)

(1) 如图 4-9(c)所示,工作面回采时产生的应力集中和巷道掘进产生的应力集中重合,在煤柱内部产生一个相当大的应力集中点,垂直应力最大为 44.6 MPa,垂直应力集中系数为 3.28。

(2) 由图 4-9(a)(b)可知,巷道煤柱帮侧表面位移量为 676 mm,实体煤侧位移量为 271 mm,顶板下沉量为 419 mm。

(3) 由图 4-9(d)可知,煤柱内部存在一定弹性区,非塑性区宽度 4 m。

4.3.1.2 工作面后方 40 m 处

在实际模拟过程中,在工作面后方 40 m 处,煤柱内应力达到最大值,因此以 40 m 处 12 m 煤柱垂直应力分布云图、塑性区分布云图、位移云图作为工作面后方的煤柱稳定性的分析依据,如图 4-10 所示。

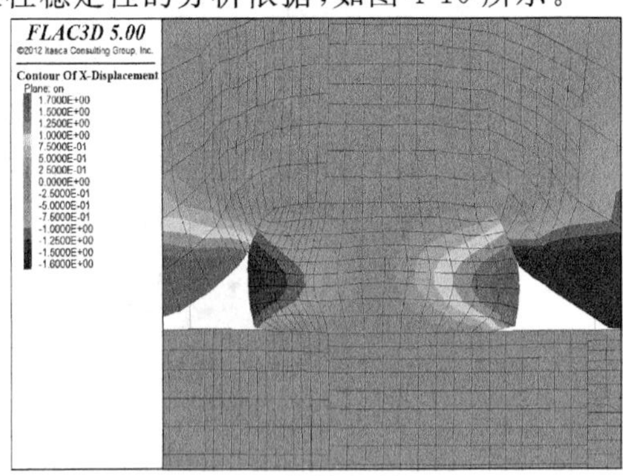

(a) 巷道水平变形

图 4-10 工作面后方 40 m 处 12 m 煤柱稳定性模拟

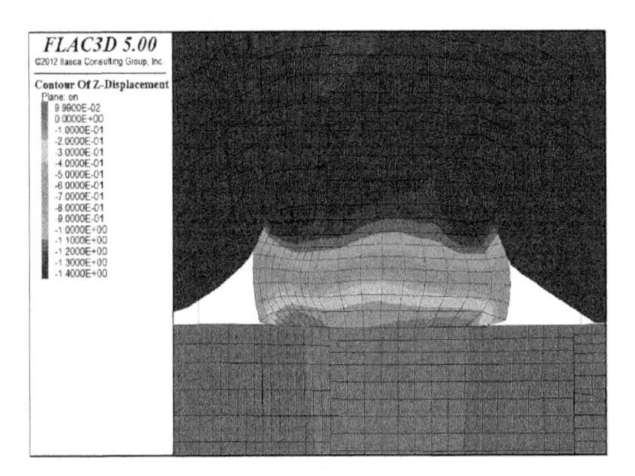

（b）巷道垂直变形

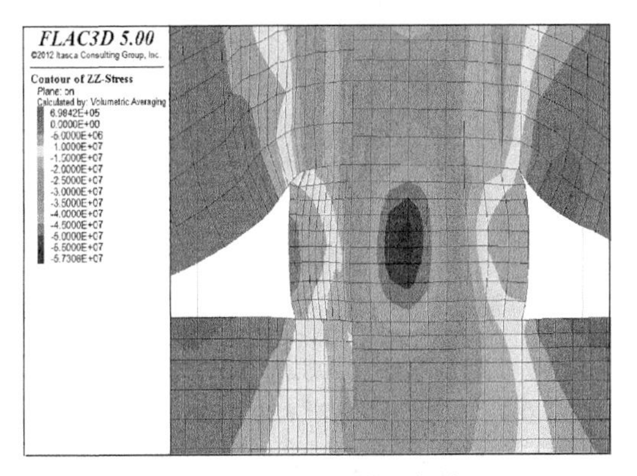

（c）垂直应力分布图

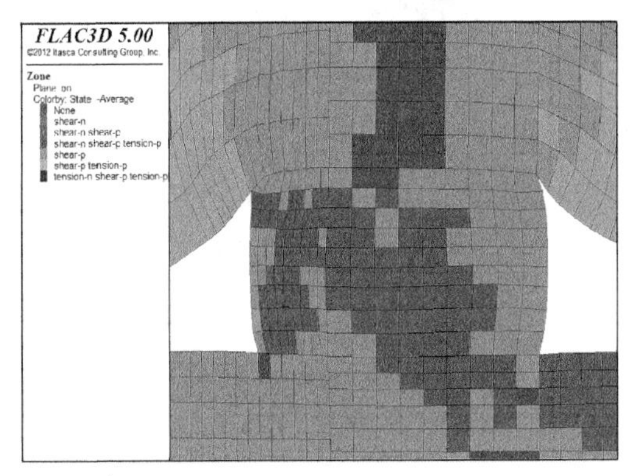

（d）塑性区分布图

图 4-10(续)

(1) 如图 4-10(c)所示,4204 工作面回采时产生的应力集中和 4206 孤岛工作面回采产生的应力集中重合,在煤柱内部产生一个相当大的应力集中点,垂直应力最大为 58.9 MPa,垂直应力集中系数为 4.33。

(2) 由图 4-10(a)(b)可知,煤柱左帮表面位移量为 1 521 mm,煤柱右帮位移量为 1 687 mm,煤柱下缩量为 1 462 mm,煤柱收缩量略大。

(3) 由图 4-10(d)可知,煤柱内部已经全部成为塑性区。

4.3.1.3 工作面处

工作面处 12 m 煤柱稳定性模拟的垂直应力分布云图、塑性区分布云图、位移云图如图 4-11 所示。

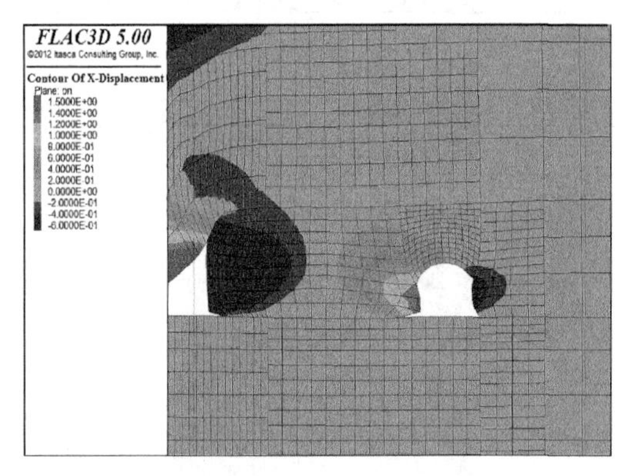

(a) 巷道水平变形

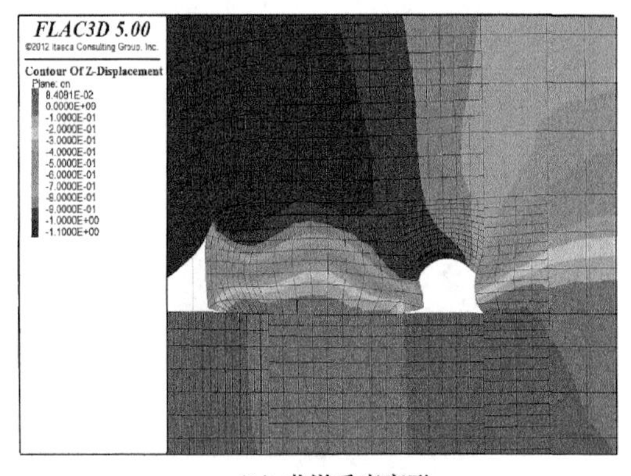

(b) 巷道垂直变形

图 4-11 工作面处 12 m 煤柱稳定性模拟

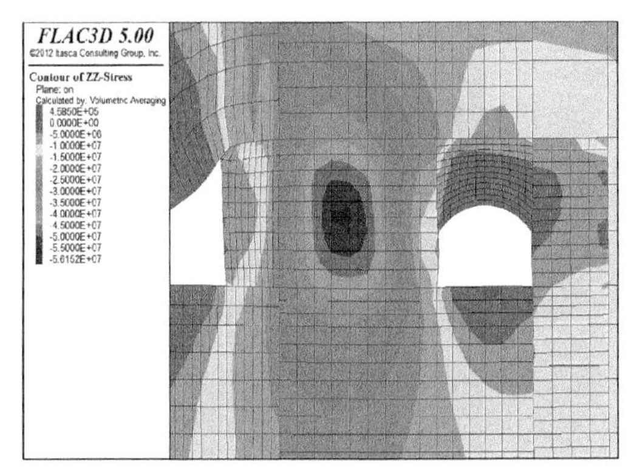

（c） 垂直应力分布图

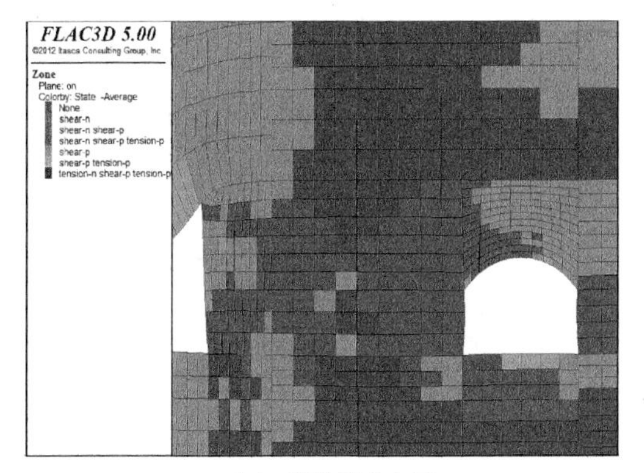

（d） 塑性区分布图

图 4-11(续)

(1) 如图 4-11(c)所示，4204 工作面回采时产生的应力集中和 4206 孤岛工作面回采时产生的超前支承压力重合，在煤柱内部产生一个相当大的应力集中点，垂直应力最大为 56.1 MPa，垂直应力集中系数为 4.13。

(2) 由图 4-11(a)(b)可知，巷道煤柱帮侧表面位移量为 1 513 mm，实体煤侧位移量为 581 mm，顶板下沉量为 1 127 mm。

(3) 由图 4-11(d)可知，煤柱内部存在一定弹性区，但范围很小，非塑性区宽度 0 m。

4.3.1.4 工作面前方 5 m

工作面前方 5 m 处 12 m 煤柱稳定性模拟的垂直应力分布云图、塑性区分布云图、位移云图如图 4-12 所示。

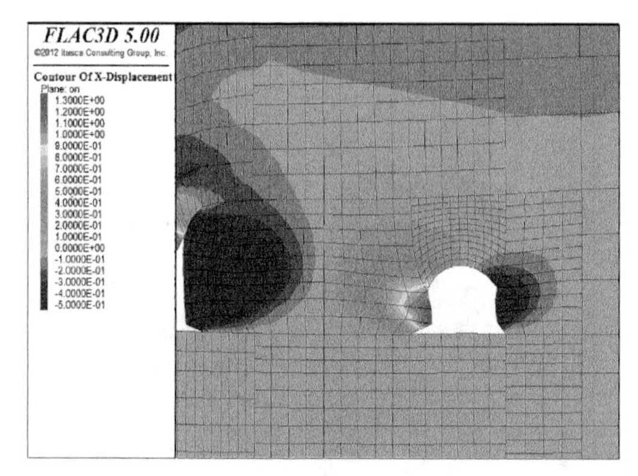

(a) 巷道水平变形

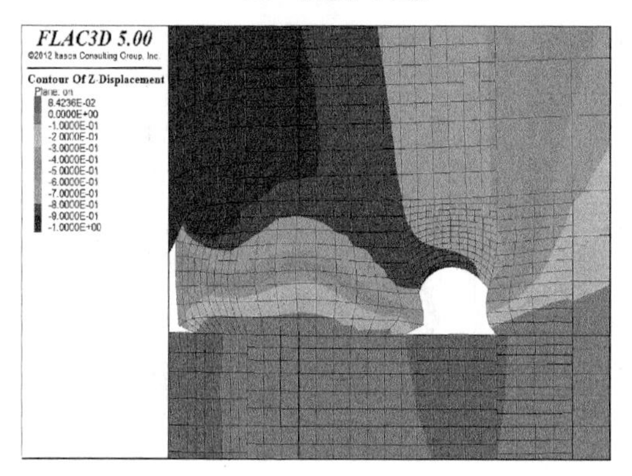

(b) 巷道垂直变形

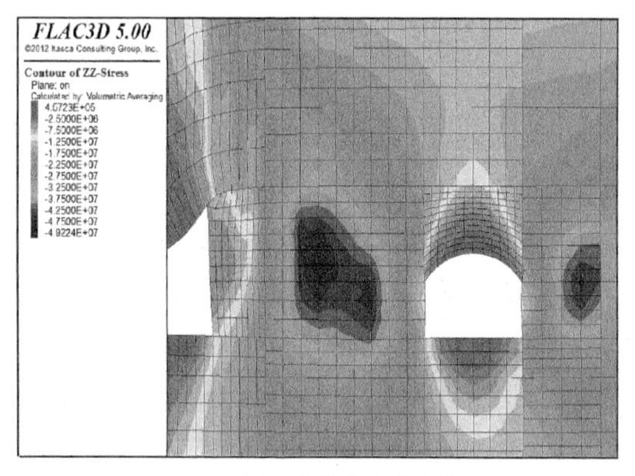

(c) 垂直应力分布图

图 4-12　工作面前方 5 m 处 12 m 煤柱稳定性模拟

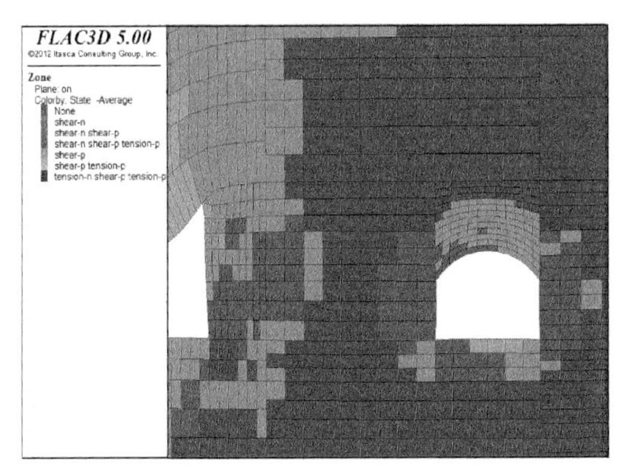

(d) 塑性区分布图

图 4-12(续)

(1) 如图 4-12(c)所示,4204 工作面回采时产生的应力集中和 4206 孤岛工作面回采时产生的超前支承压力重合,垂直应力最大为 49.2 MPa,垂直应力集中系数为 3.61。

(2) 由图 4-12(a)(b)可知,巷道煤柱帮侧表面位移量为 1 274 mm,实体煤侧位移量为 495 mm,顶板下沉量为 920 mm。

(3) 由图 4-12(d)可知,煤柱内部存在一定弹性区,非塑性区宽度 3 m。

4.3.1.5　工作面前方 10 m

工作面前方 10 m 处 12 m 煤柱稳定性模拟的垂直应力分布云图、塑性区分布云图、位移云图如图 4-13 所示。

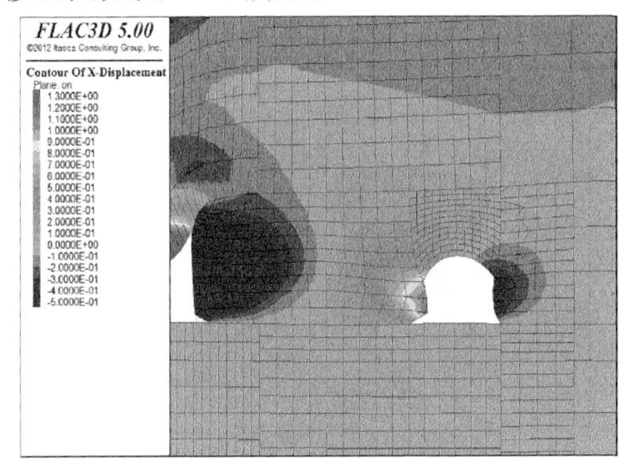

(a) 巷道水平变形

图 4-13　工作面前方 10 m 处 12 m 煤柱稳定性模拟

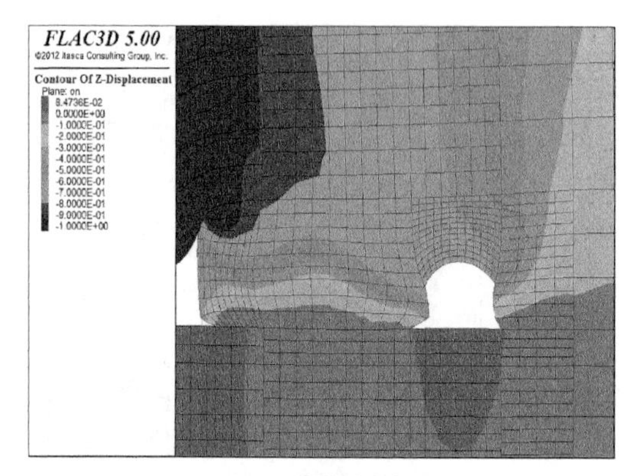

(b) 巷道垂直变形

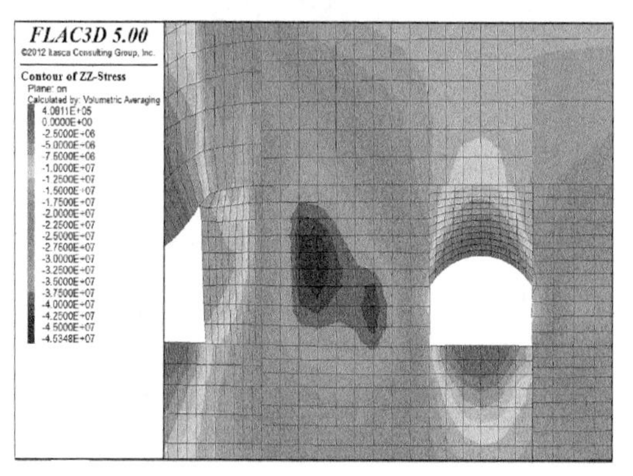

(c) 垂直应力分布图

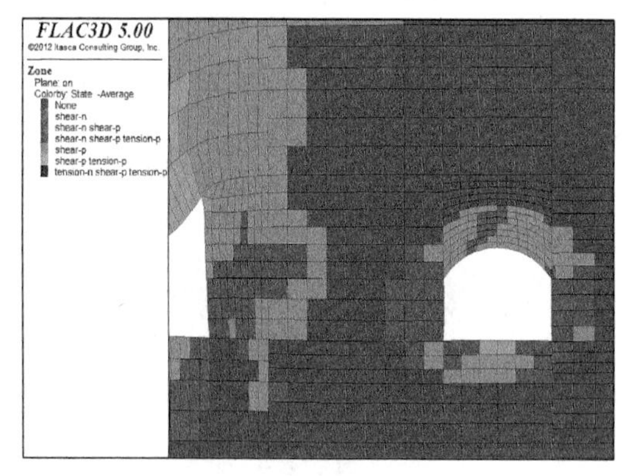

(d) 塑性区分布图

图 4-13(续)

(1) 如图 4-13(c)所示,4204 工作面回采时产生的应力集中和 4206 孤岛工作面回采时产生的超前支承压力重合,垂直应力最大为 45.3 MPa,垂直应力集中系数为 3.33。

(2) 由图 4-13(a)(b)可知,巷道煤柱帮侧表面位移量为 1 113 mm,实体煤侧位移量为 432 mm,顶板下沉量为 785 mm。

(3) 由图 4-13(d)可知,煤柱内部存在一定弹性区,非塑性区宽度 3 m。

4.3.1.6　工作面前方 15 m

工作面前方 15 m 处 12 m 煤柱稳定性模拟的垂直应力分布云图、塑性区分布云图、位移云图如图 4-14 所示。

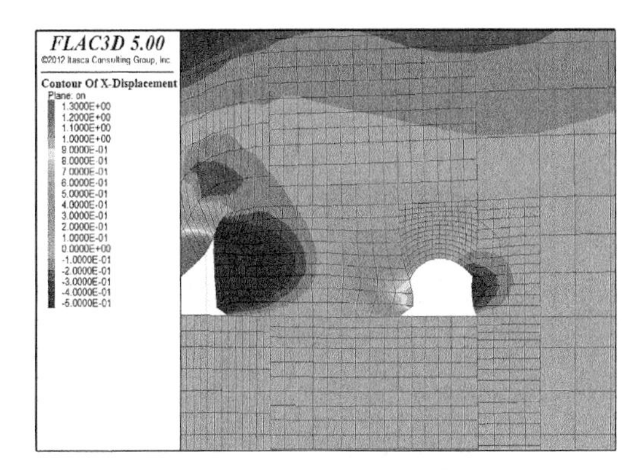

(a) 巷道水平变形

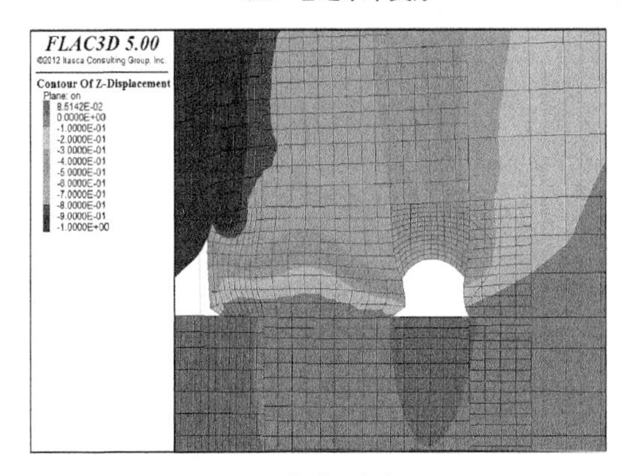

(b) 巷道垂直变形

图 4-14　工作面前方 15 m 处 12 m 煤柱稳定性模拟

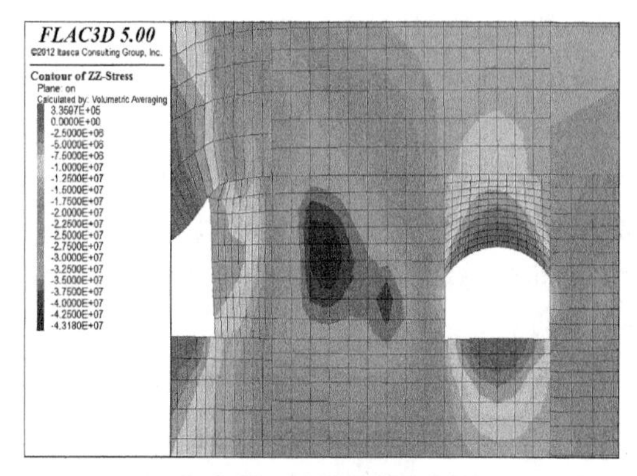

(c) 垂直应力分布图

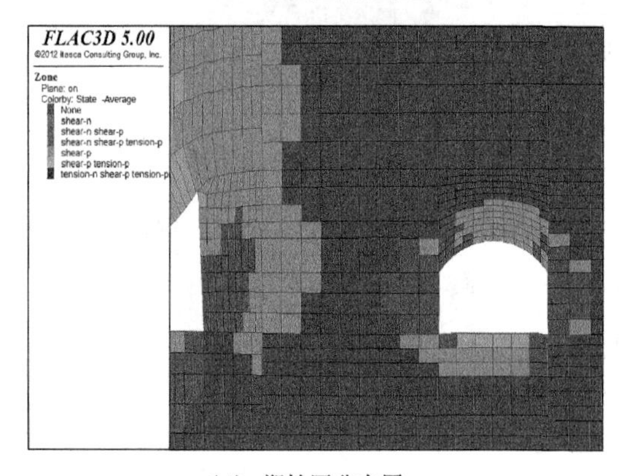

(d) 塑性区分布图

图 4-14(续)

(1) 如图 4-14(c)所示,4204 工作面回采时产生的应力集中和 4206 孤岛工作面回采时产生的超前支承压力重合,垂直应力最大为 43.2 MPa,垂直应力集中系数为 3.18。

(2) 由图 4-14(a)(b)可知,巷道煤柱帮侧表面位移量为 1 033 mm,实体煤侧位移量为 408 mm,顶板下沉量为 605 mm。

(3) 由图 4-10(d)可知,煤柱内部存在一定弹性区,非塑性区宽度 3 m。

4.3.1.7 工作面前方 20 m

工作面前方 20 m 处 12 m 煤柱稳定性模拟的垂直应力分布云图、塑性区分布云图、位移云图如图 4-15 所示。

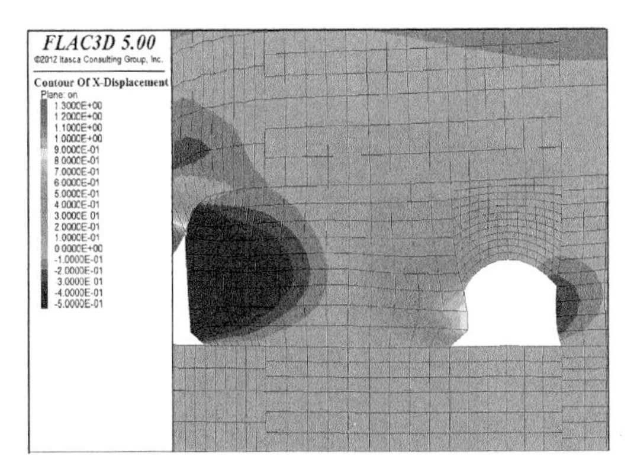

（a） 巷道水平变形

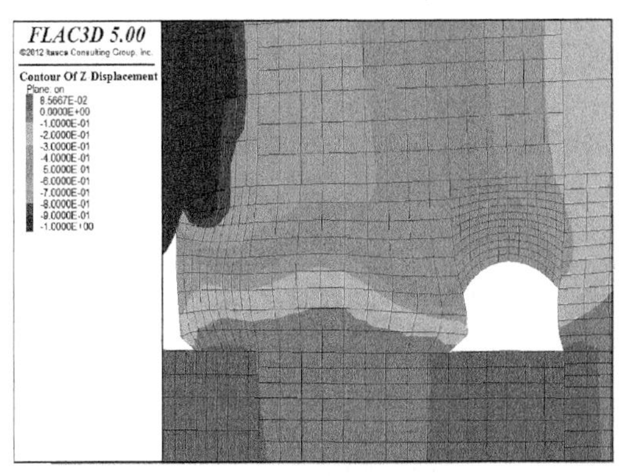

（b） 巷道垂直变形

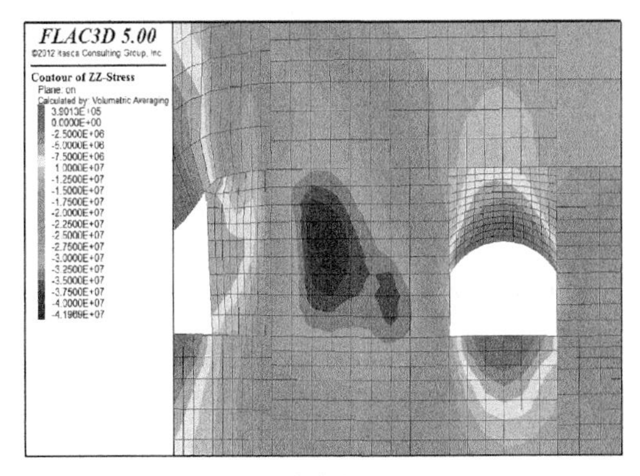

（c） 垂直应力分布图

图 4-15　工作面前方 20 m 处 12 m 煤柱稳定性模拟

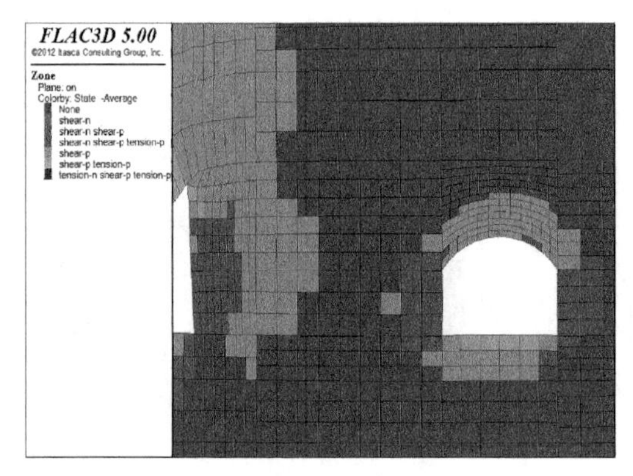

(d) 塑性区分布图

图 4-15(续)

(1) 如图 4-15(c)所示，4204 工作面回采时产生的应力集中和 4206 孤岛工作面回采时产生的超前支承压力重合，垂直应力最大为 43.2 MPa，垂直应力集中系数为 3.09。

(2) 由图 4-15(a)(b)可知，巷道煤柱帮侧表面位移量为 811 mm，实体煤侧位移量为 326 mm，顶板下沉量为 442 mm。

(3) 由图 4-15(d)可知，煤柱内部存在一定弹性区，非塑性区宽度 4 m。

4.3.2 煤柱宽度为 13 m 时数值模拟分析

4.3.2.1 巷道掘进期间

巷道掘进期间 13 m 煤柱稳定性模拟的垂直应力分布云图、塑性区分布云图、位移云图如图 4-16 所示。

(1) 如图 4-16(c)所示，工作面回采时产生的应力集中和巷道掘进产生的应力集中重合，在煤柱内部产生一个相当大的应力集中点，垂直应力最大为 42.9 MPa，垂直应力集中系数为 3.15。

(2) 由图 4-16(a)(b)可知，巷道煤柱帮侧表面位移量为 561 mm，实体煤侧位移量为 251 mm，顶板下沉量为 402 mm。

(3) 由图 4-16(d)可知，煤柱内部存在一定弹性区域，非塑性区宽度 6 m。

4.3.2.2 工作面后方 40 m 处

在实际模拟过程中，在工作面后方 40 m 处，煤柱内应力达到最大值，因此以 40 m 处 13 m 煤柱垂直应力分布云图、塑性区分布云图、位移云图作为

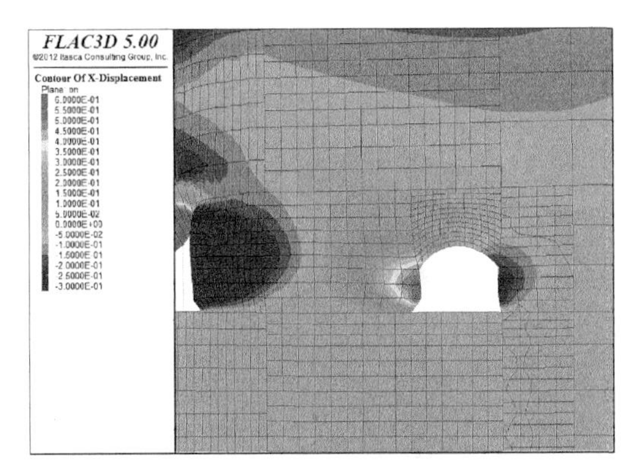

（a） 巷道水平变形

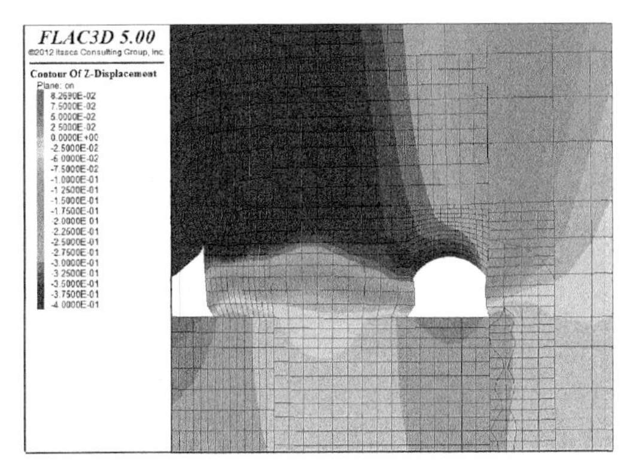

（b） 巷道垂直变形

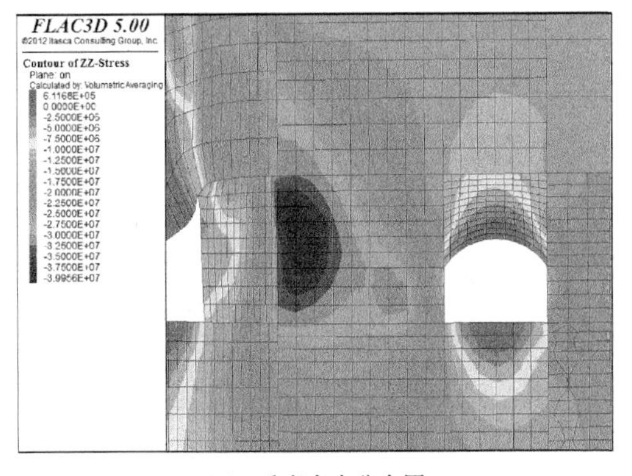

（c） 垂直应力分布图

图 4-16　13 m 煤柱巷道掘进期间煤柱稳定性模拟

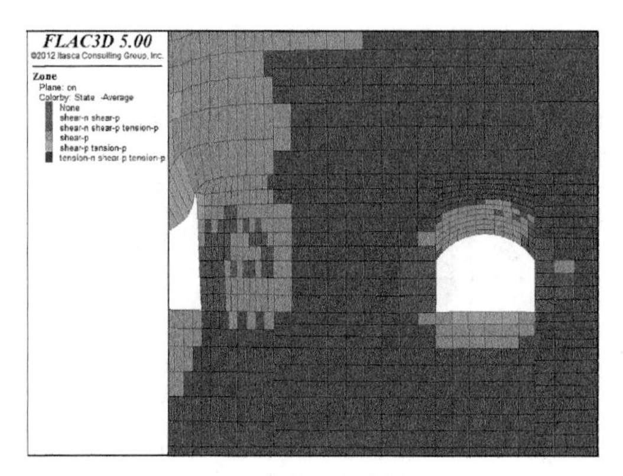

(d) 塑性区分布图

图 4-16(续)

工作面后方的煤柱稳定性的分析依据,如图 4-17 所示。

(1) 如图 4-17(c)所示,4204 工作面回采时产生的应力集中和 4206 孤岛工作面回采产生的应力集中重合,在煤柱内部产生一个相当大的应力集中点,垂直应力最大为 55.7 MPa,垂直应力集中系数为 4.10。

(2) 由图 4-17(a)(b)可知,煤柱左帮表面位移量为 1 346 mm,煤柱右帮位移量为 1 517 mm,煤柱下缩量为 1 129 mm,煤柱收缩量略大。

(3) 由图 4-17(d)可知,煤柱内部已经全部成为塑性区。

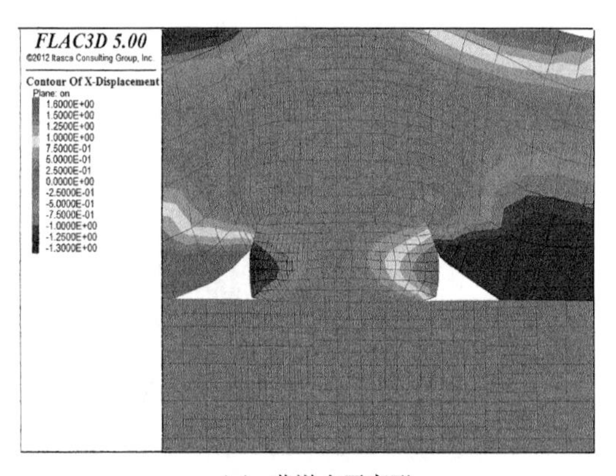

(a) 巷道水平变形

图 4-17 工作面后方 40 m 处 13 m 煤柱稳定性模拟

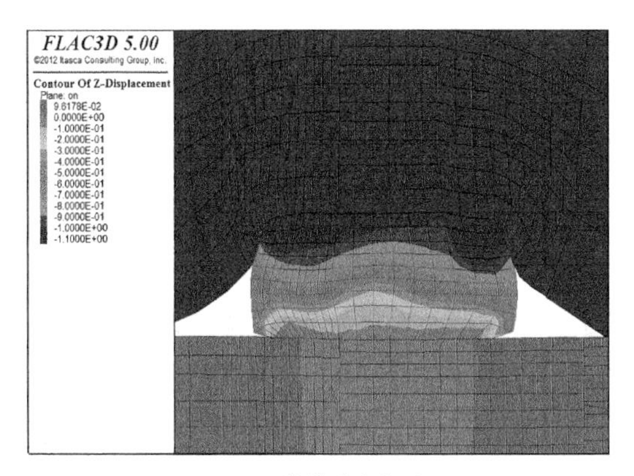

（b）巷道垂直变形

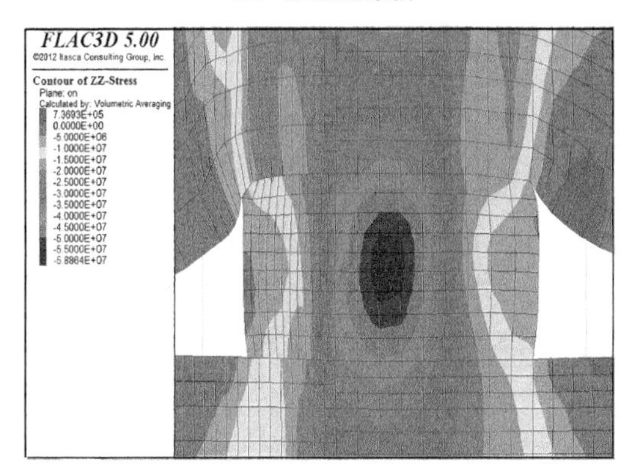

（c） 垂直应力分布图

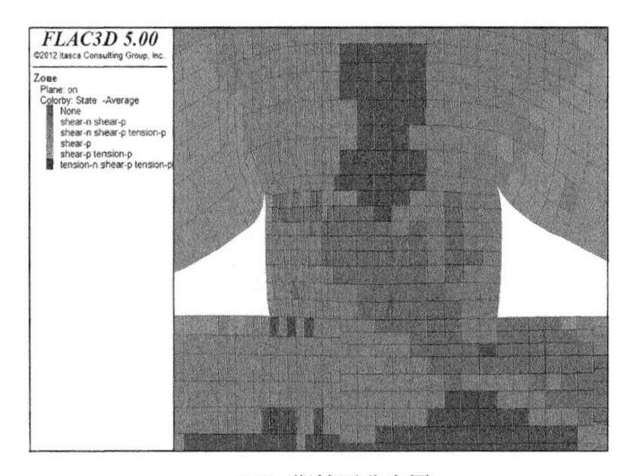

（d） 塑性区分布图

图 4-17(续)

4.3.2.3 工作面处

工作面处 13 m 煤柱稳定性模拟的垂直应力分布云图、塑性区分布云图、位移云图如图 4-18 所示。

(1) 如图 4-18(c)所示，4204 工作面回采时产生的应力集中和 4206 孤岛工作面回采时产生的超前支承压力重合，垂直应力最大为 50.8 MPa，垂直应力集中系数为 3.74。

(2) 由图 4-18(a)(b)可知，巷道煤柱帮侧表面位移量为 1 337 mm，实体煤侧位移量为 546 mm，顶板下沉量为 1 008 mm。

(3) 由图 4-18(d)可知，煤柱内部存在一定弹性区域，非塑性区宽度 3 m。

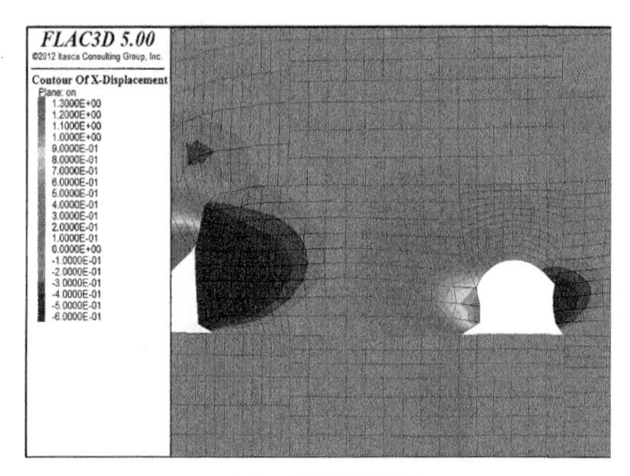

(a) 巷道水平变形

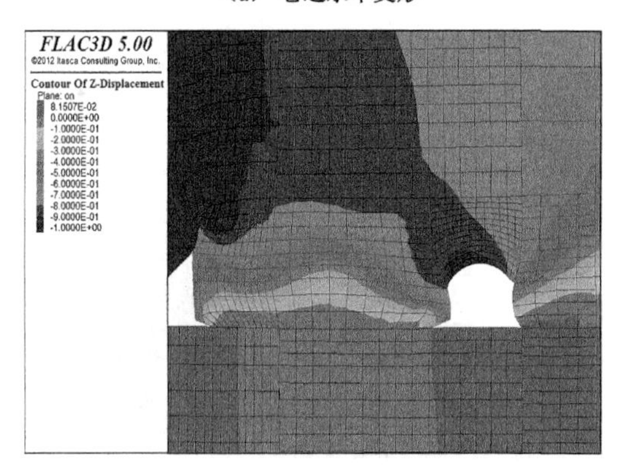

(b) 巷道垂直变形

图 4-18 工作面处 13 m 煤柱稳定性模拟

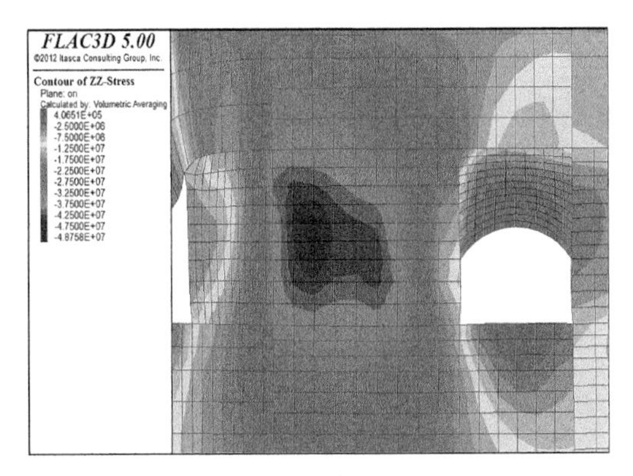

(c) 垂直应力分布图

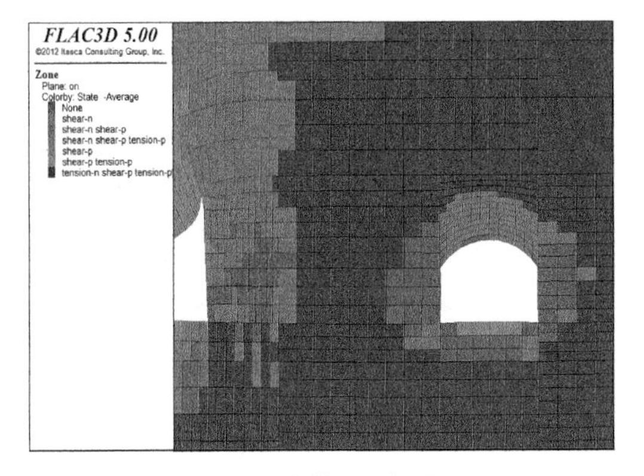

(d) 塑性区分布图

图 4-18(续)

4.3.2.4 工作面前方 5 m

工作面前方 5 m 处 13 m 煤柱稳定性模拟的垂直应力分布云图、塑性区分布云图、位移云图如图 4-19 所示。

(1) 如图 4-19(c)所示,4204 工作面回采时产生的应力集中和 4206 孤岛工作面回采时产生的超前支承压力重合,垂直应力最大为 44.9 MPa,垂直应力集中系数为 3.30。

(2) 由图 4-19(a)(b)可知,巷道煤柱帮侧表面位移量为 1 108 mm,实体煤侧位移量为 455 mm,顶板下沉量为 856 mm。

(3) 由图 4-19(d)可知,煤柱内部存在一定弹性区域,非塑性区宽度 5 m。

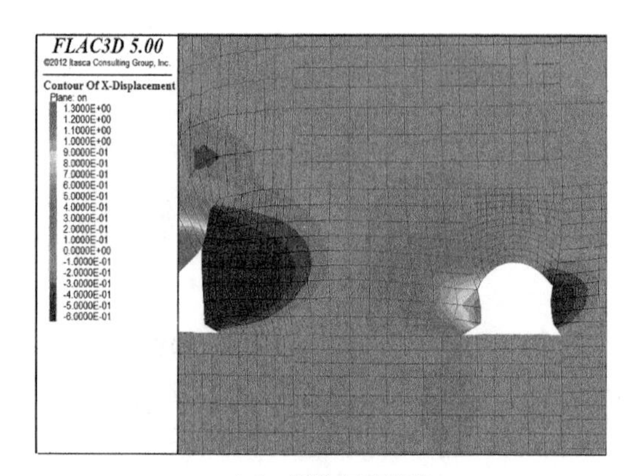

（a） 巷道水平变形

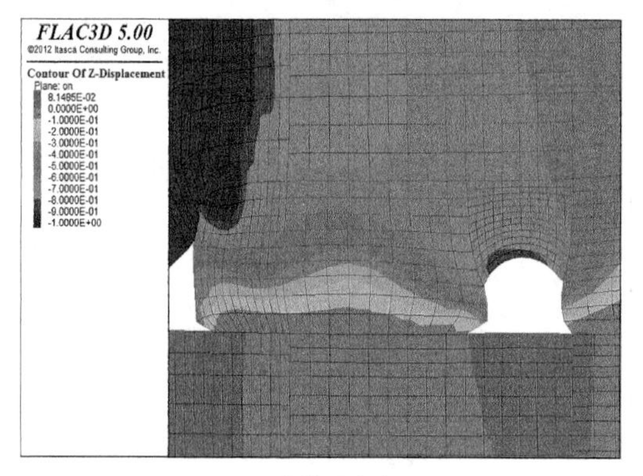

（b）巷道垂直变形

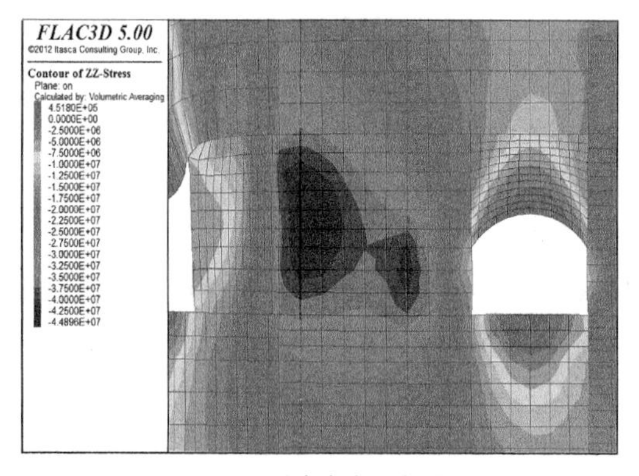

（c） 垂直应力分布图

图 4-19　工作面前方 5 m 处 13 m 煤柱稳定性模拟

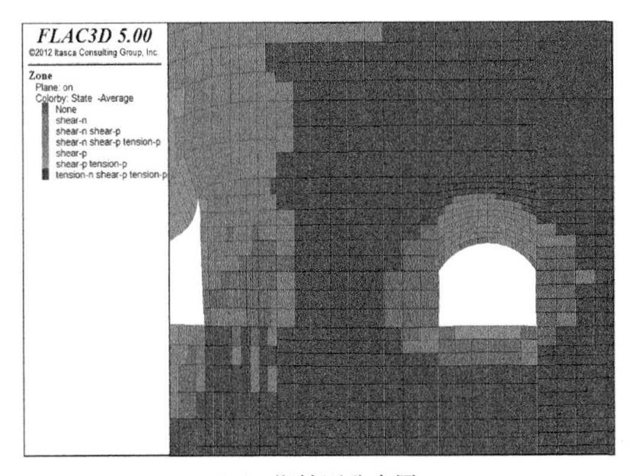

(d) 塑性区分布图

图 4-19(续)

4.3.2.5 工作面前方 10 m

工作面前方 10 m 处 13 m 煤柱稳定性模拟的垂直应力分布云图、塑性区分布云图、位移云图如图 4-20 所示。

(1) 如图 4-20(c)所示，4204 工作面回采时产生的应力集中和 4206 孤岛工作面回采时产生的超前支承压力重合，垂直应力最大为 42.5 MPa，垂直应力集中系数为 3.13。

(2) 由图 4-20(a)(b)可知，巷道煤柱帮侧表面位移量为 916 mm，实体煤侧位移量为 501 mm，顶板下沉量为 750 mm。

(3) 由图 4-20(d)可知，煤柱内部存在一定弹性区域，非塑性区宽度 6 m。

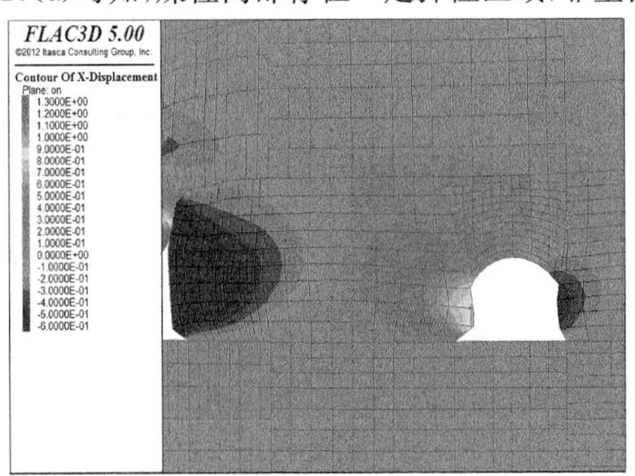

(a) 巷道水平变形

图 4-20 工作面前方 10 m 处 13 m 煤柱稳定性模拟

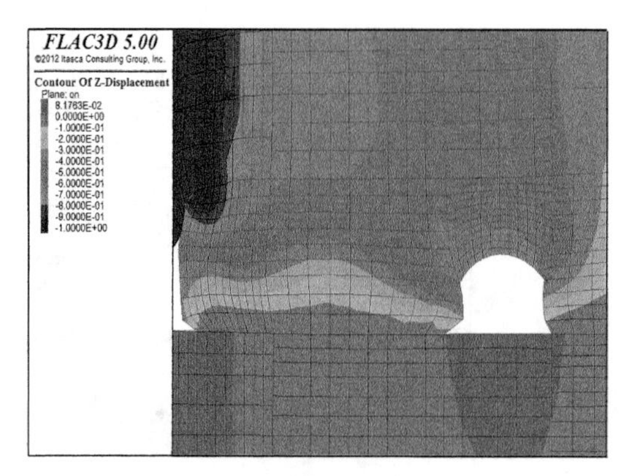

（b）巷道垂直变形

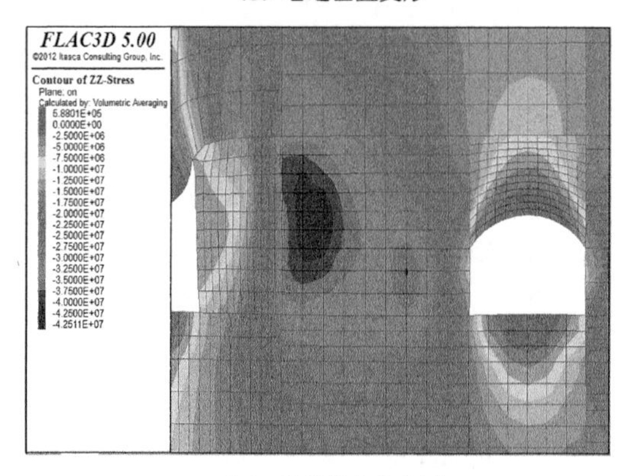

（c） 垂直应力分布图

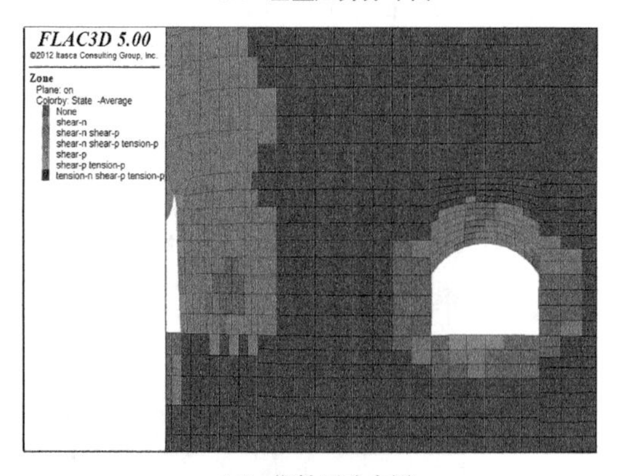

（d） 塑性区分布图

图 4-20(续)

4.3.2.6 工作面前方 15 m

工作面前方 15 m 处 13 m 煤柱稳定性模拟的垂直应力分布云图、塑性区分布云图、位移云图如图 4-21 所示。

(1) 如图 4-21(c)所示，4204 工作面回采时产生的应力集中和 4206 孤岛工作面回采时产生的超前支承压力重合，垂直应力最大为 41.1 MPa，垂直应力集中系数为 3.02。

(2) 由图 4-21(a)(b)可知，巷道煤柱帮侧表面位移量为 841 mm，实体煤侧位移量为 426 mm，顶板下沉量为 652 mm。

(3) 由图 4-21(d)可知，煤柱内部存在一定弹性区域，非塑性区宽度 6 m。

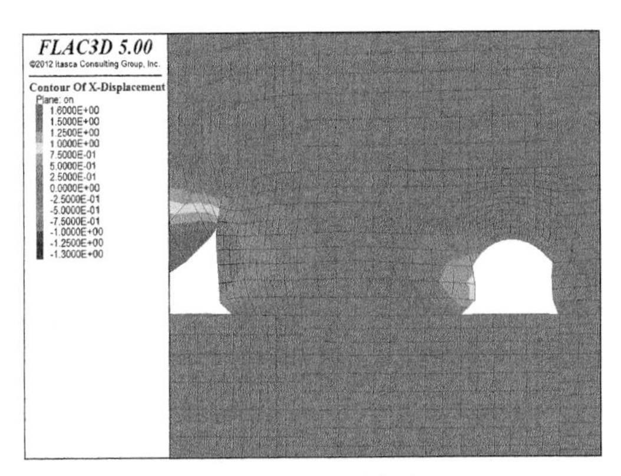

(a) 巷道水平变形

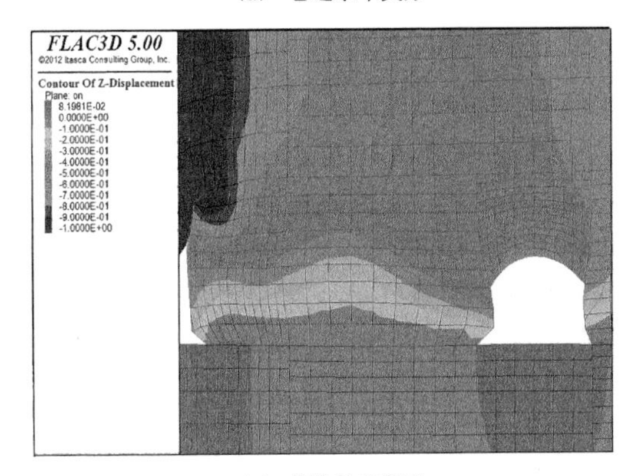

(b) 巷道垂直变形

图 4-21 工作面前方 15 m 处 13 m 煤柱稳定性模拟

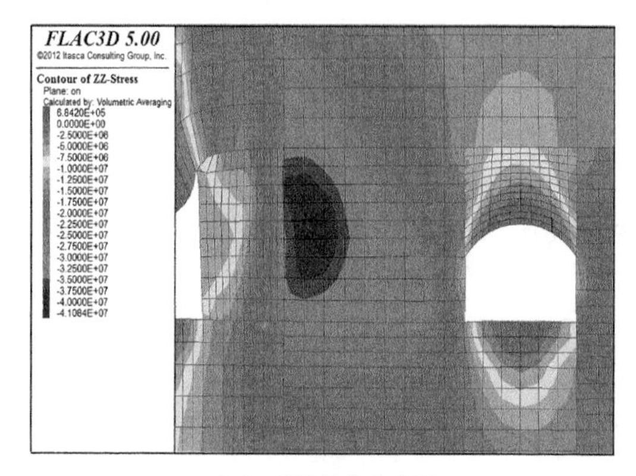

(c) 垂直应力分布图

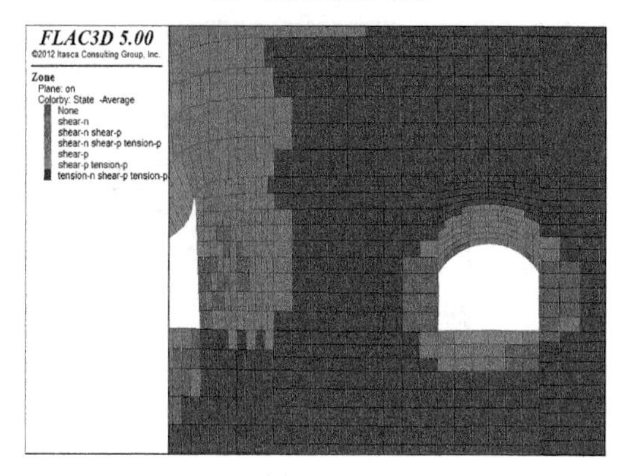

(d) 塑性区分布图

图 4-21(续)

4.3.2.7 工作面前方 20 m

工作面前方 20 m 处 13 m 煤柱稳定性模拟的垂直应力分布云图、塑性区分布云图、位移云图如图 4-22 所示。

(1) 如图 4-22(c)所示,4204 工作面回采时产生的应力集中和 4206 孤岛工作面回采时产生的超前支承压力重合,垂直应力最大为 40.3 MPa,垂直应力集中系数为 2.96。

(2) 由图 4-22(a)(b)可知,巷道煤柱帮侧表面位移量为 781 mm,实体煤侧位移量为 364 mm,顶板下沉量为 612 mm。

(3) 由图 4-22(d)可知,煤柱内部存在一定弹性区域,非塑性区宽度 6 m。

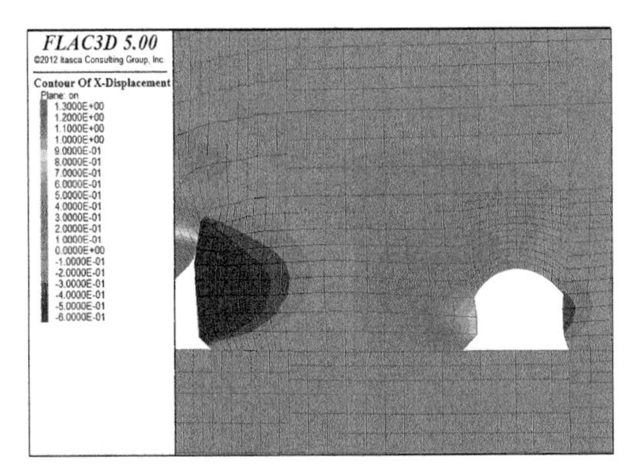

（a） 巷道水平变形

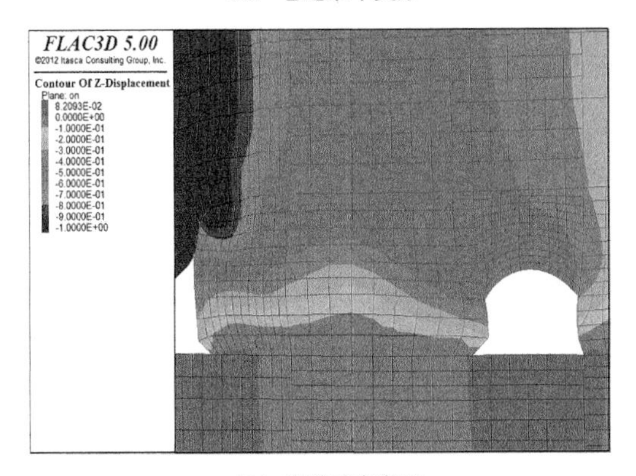

（b） 巷道垂直变形

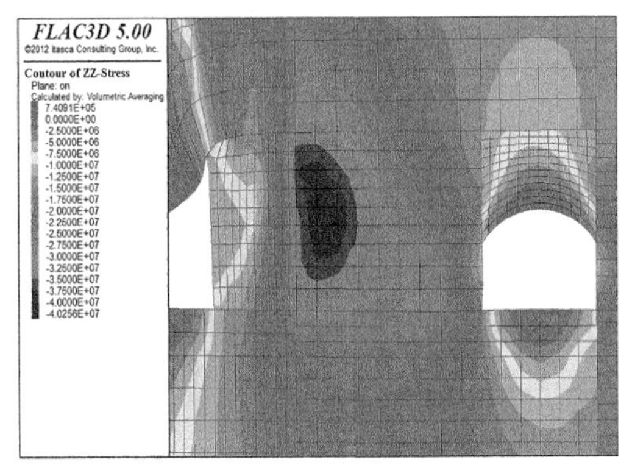

（c） 垂直应力分布图

图 4-22 工作面前方 20 m 处 13 m 煤柱稳定性模拟

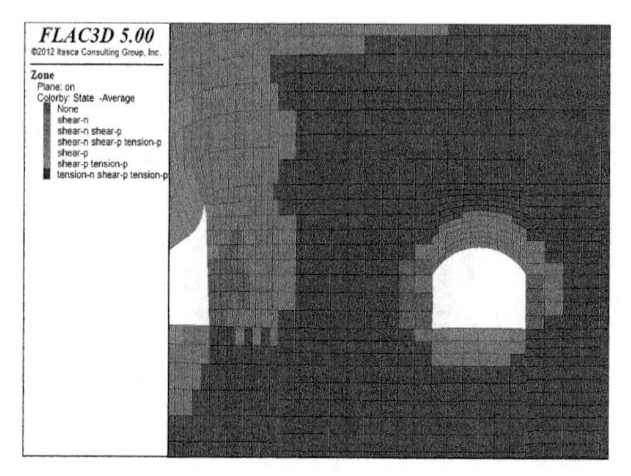

(d) 塑性区分布图

图 4-22(续)

4.3.3 煤柱宽度为 14 m 时数值模拟分析

4.3.3.1 巷道掘进期间

巷道掘进期间 14 m 煤柱稳定性模拟的垂直应力分布云图、塑性区分布云图、位移云图如图 4-23 所示。

(1) 如图 4-23(c)所示,工作面回采时产生的应力集中和巷道掘进产生的应力集中重合,在煤柱内部产生一个相当大的应力集中点,垂直应力最大为 40.9 MPa,垂直应力集中系数为 3.01。

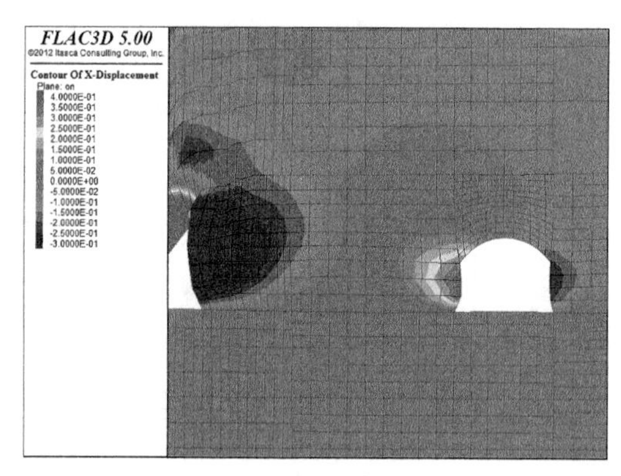

(a) 巷道水平变形

图 4-23 14 m 煤柱巷道掘进期间煤柱稳定性模拟

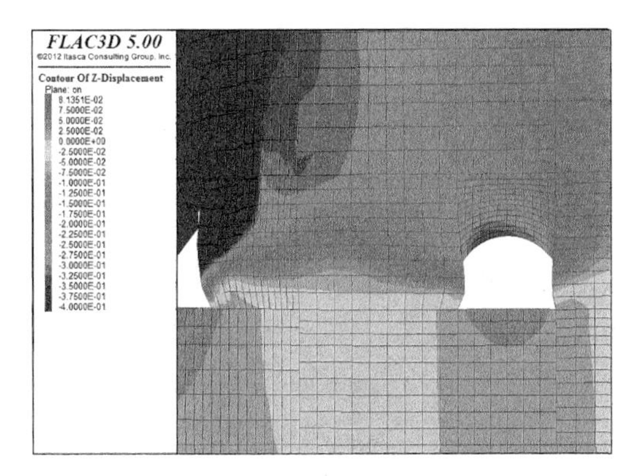

（b）巷道垂直变形

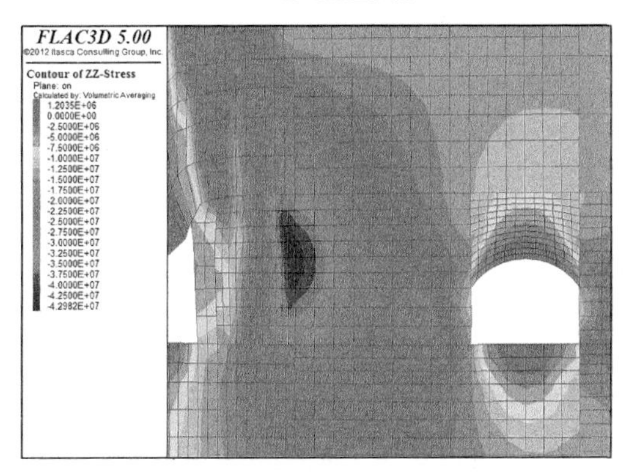

（c） 垂直应力分布图

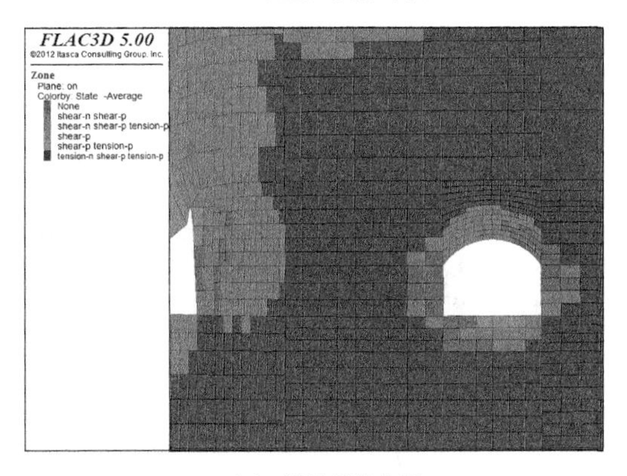

（d） 塑性区分布图

图 4-23(续)

(2) 由图 4-23(a)(b)可知，巷道煤柱帮侧表面位移量为 381 mm，实体煤侧位移量为 226 mm，顶板下沉量为 360 mm。

(3) 由图 4-23(d)可知，煤柱内部存在一定弹性区域，非塑性区宽度为 7 m。

4.3.3.2　工作面后方 40 m 处

在实际模拟过程中，在工作面后方 40 m 处，煤柱内应力达到最大值，因此以 40 m 处 14 m 煤柱垂直应力分布云图、塑性区分布云图、位移云图作为工作面后方的煤柱稳定性的分析依据，如图 4-24 所示。

(1) 如图 4-24(c)所示，4204 工作面回采时产生的应力集中和 4206 孤岛工作面回采产生的应力集中重合，在煤柱内部产生一个相当大的应力集中点，垂直应力最大为 52.3 MPa，垂直应力集中系数为 3.85。

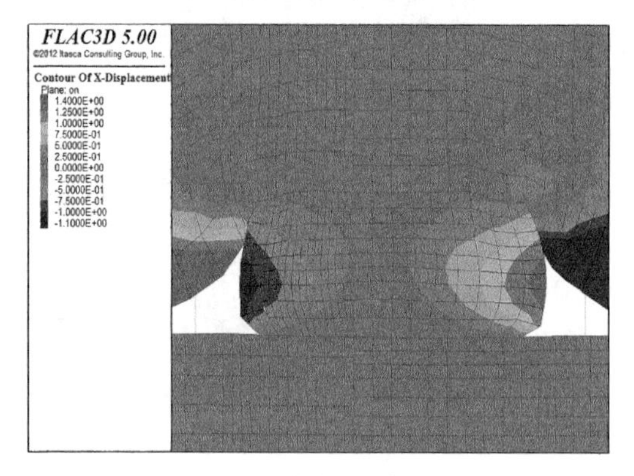

(a) 巷道水平变形

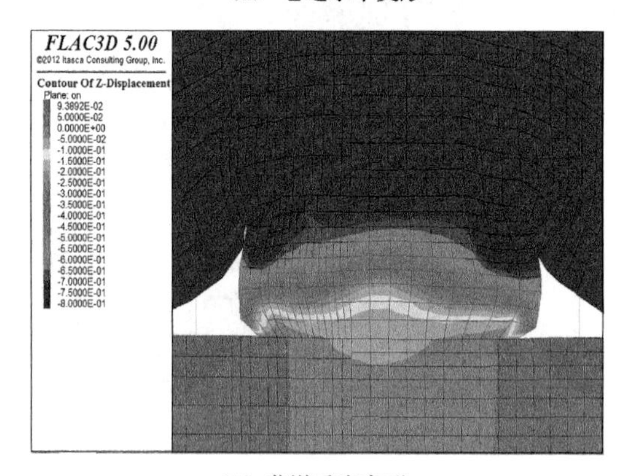

(b) 巷道垂直变形

图 4-24　工作面后方 40 m 处 14 m 煤柱稳定性模拟

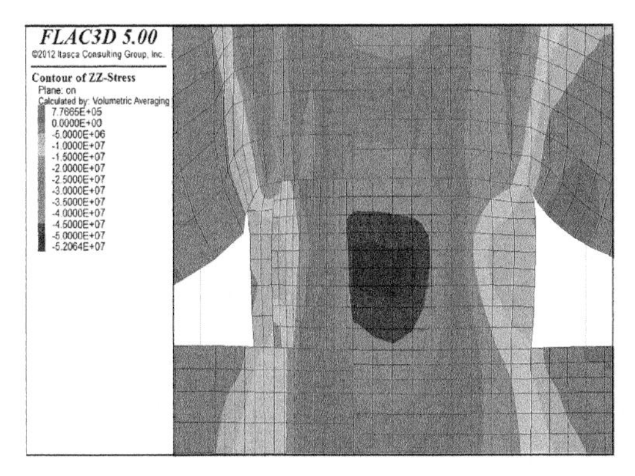

（c）垂直应力分布图

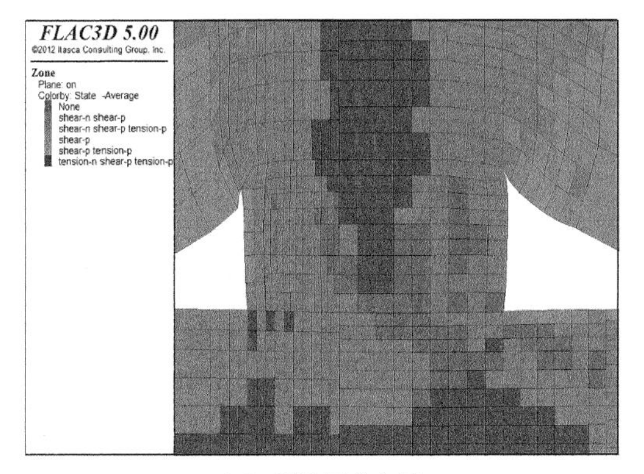

（d）塑性区分布图

图 4-24(续)

(2) 由图 4-24(a)(b)可知，煤柱左帮表面位移量为 1 191 mm，煤柱右帮位移量为 1 380 mm，煤柱下缩量为 806 mm，煤柱收缩量略大。

(3) 由图 4-24(d)可知，煤柱内部存在一定弹性区，弹性区宽度 2 m，但是煤柱下部及底板发生破坏，防漏风的能力较差。

4.3.3.3　工作面处

工作面处 14 m 煤柱稳定性模拟的垂直应力分布云图、塑性区分布云图、位移云图如图 4-25 所示。

(1) 如图 4-25(c)所示，4204 工作面回采时产生的应力集中和 4206 孤岛工作面回采时产生的超前支承压力重合，垂直应力最大为 46.6 MPa，垂直应力集中系数为 3.43。

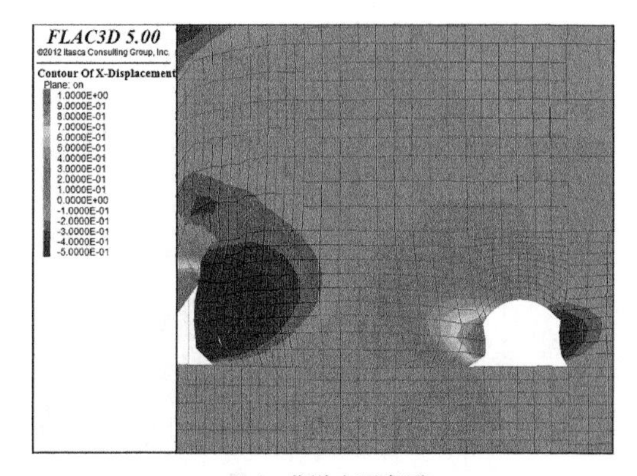

（a） 巷道水平变形

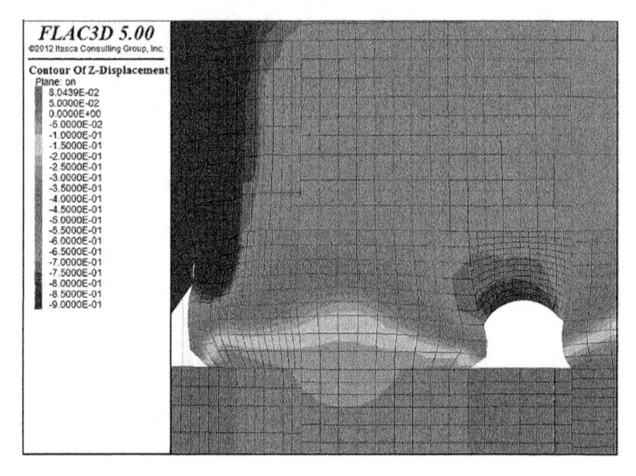

（b）巷道垂直变形

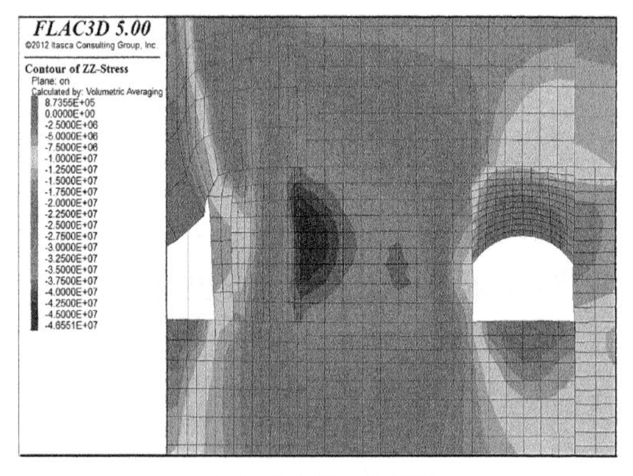

（c） 垂直应力分布图

图 4-25　工作面处 14 m 煤柱稳定性模拟

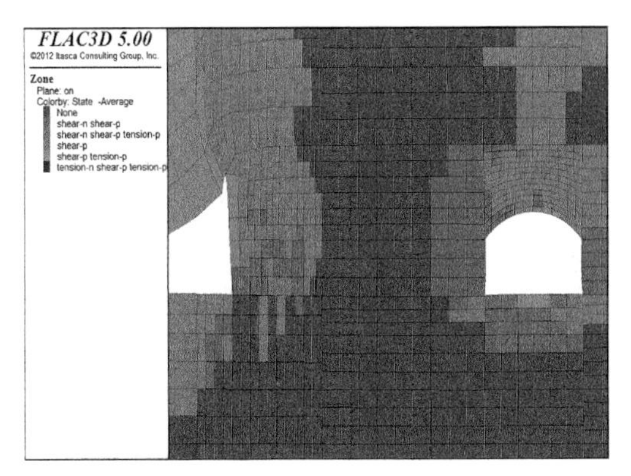

（d） 塑性区分布图

图 4-25（续）

（2）由图 4-25(a)(b)可知，巷道煤柱帮侧表面位移量为 1 006 mm，实体煤侧位移量为 550 mm，顶板下沉量为 896 mm。

（3）由图 4-25(d)可知，煤柱内部存在一定弹性区域，非塑性区宽度为 6 m。

4.3.3.4　工作面前方 5 m

工作面前方 5 m 处 14 m 煤柱稳定性模拟的垂直应力分布云图、塑性区分布云图、位移云图如图 4-26 所示。

（1）如图 4-26(c)所示，4204 工作面回采时产生的应力集中和 4206 孤岛工作面回采时产生的超前支承压力重合，垂直应力最大为 45.3 MPa，垂直应力集中系数为 3.33。

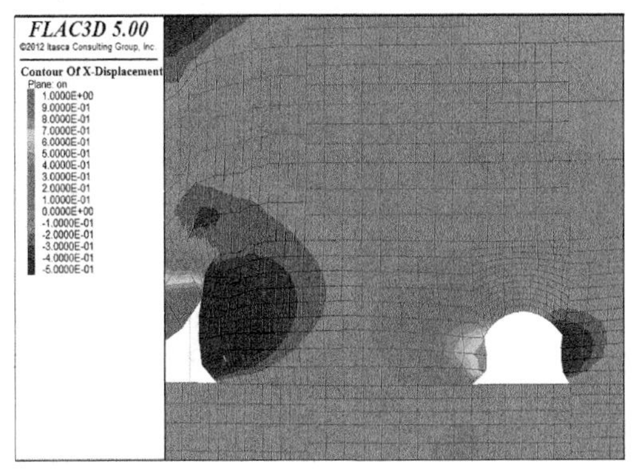

（a） 巷道水平变形

图 4-26　工作面前方 5 m 处 14 m 煤柱稳定性模拟

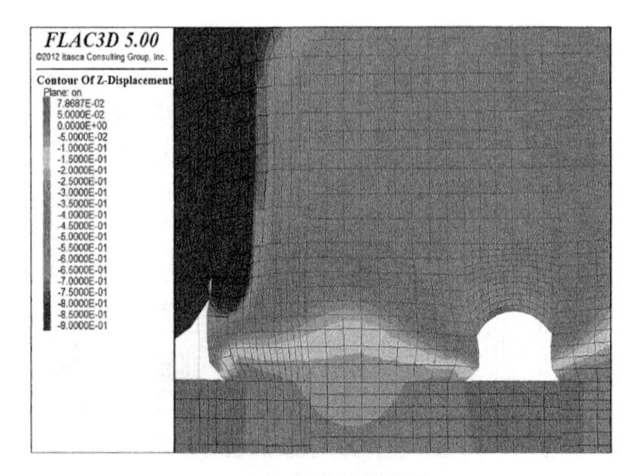

（b）巷道垂直变形

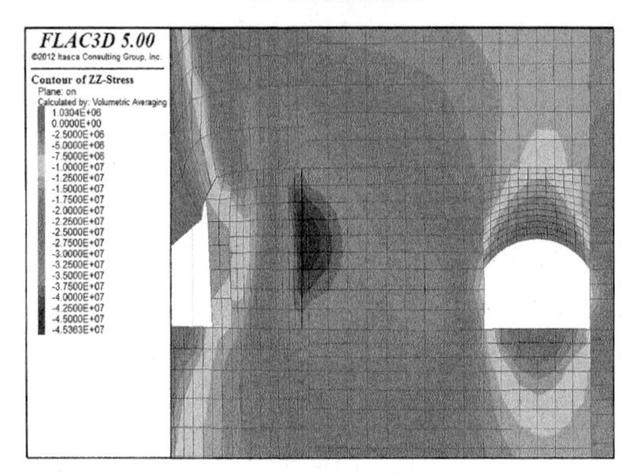

（c） 垂直应力分布图

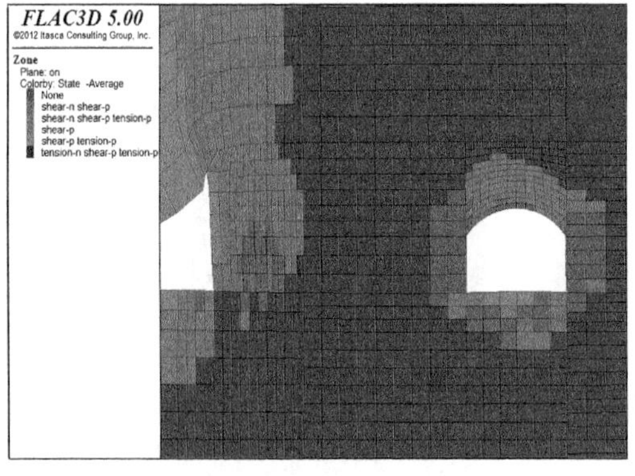

（d） 塑性区分布图

图 4-26(续)

（2）由图 4-26(a)(b)可知，巷道煤柱帮侧表面位移量为 818 mm，实体煤侧位移量为 567 mm，顶板下沉量为 747 mm。

（3）由图 4-26(d)可知，煤柱内部存在一定弹性区域，非塑性区宽度 7 m。

4.3.3.5　工作面前方 10 m

工作面前方 10 m 处 14 m 煤柱稳定性模拟的垂直应力分布云图、塑性区分布云图、位移云图如图 4-27 所示。

（1）如图 4-27(c)所示，4204 工作面回采时产生的应力集中和 4206 孤岛工作面回采时产生的超前支承压力重合，垂直应力最大为 44.3 MPa，垂直应力集中系数为 3.25。

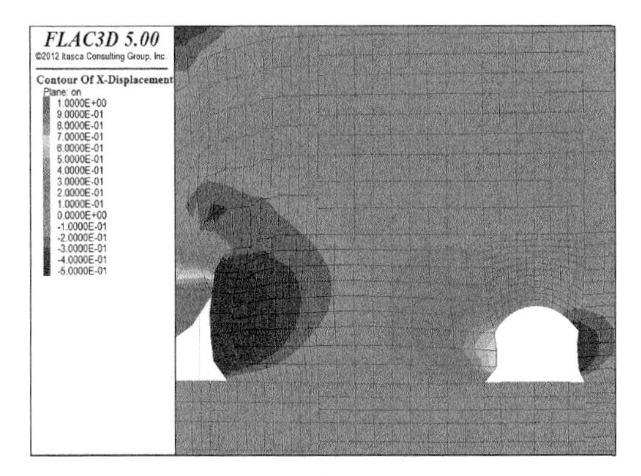

(a) 巷道水平变形

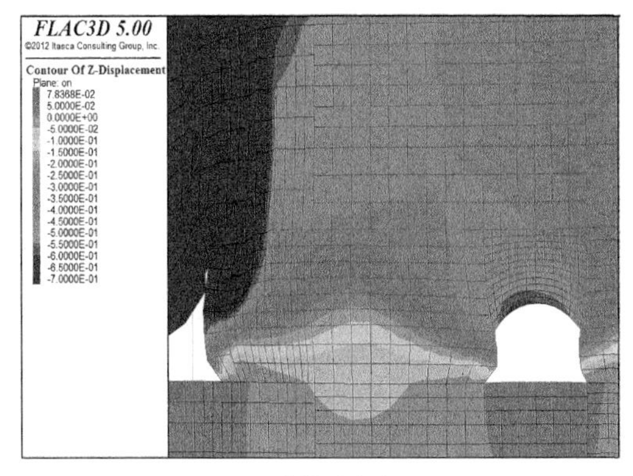

(b) 巷道垂直变形

图 4-27　工作面前方 10 m 处 14 m 煤柱稳定性模拟

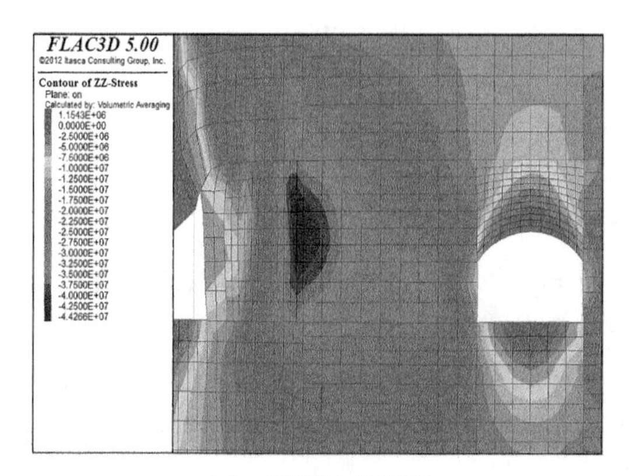

(c) 垂直应力分布图

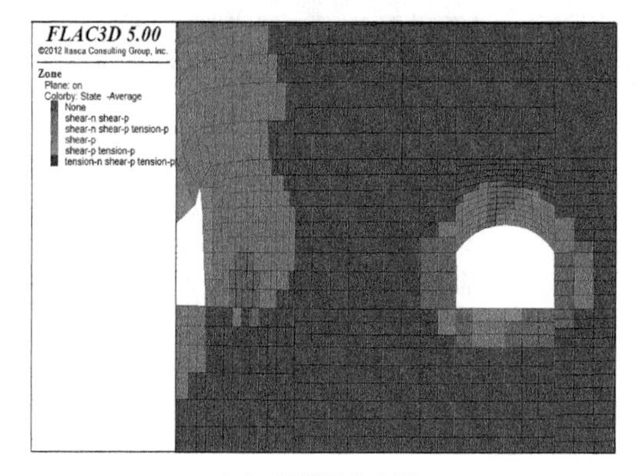

(d) 塑性区分布图

图 4-27(续)

(2) 由图 4-27(a)(b)可知,巷道煤柱帮侧表面位移量为 684 mm,实体煤侧位移量为 446 mm,顶板下沉量为 612 mm。

(3) 由图 4-27(d)可知,煤柱内部存在一定弹性区,非塑性区宽度为 7 m。

4.3.3.6 工作面前方 15 m

工作面前方 15 m 处 14 m 煤柱稳定性模拟的垂直应力分布云图、塑性区分布云图、位移云图如图 4-28 所示。

(1) 如图 4-28(c)所示,4204 工作面回采时产生的应力集中和 4206 孤岛工作面回采时产生的超前支承压力重合,垂直应力最大为 43.5 MPa,垂直应力集中系数为 3.20。

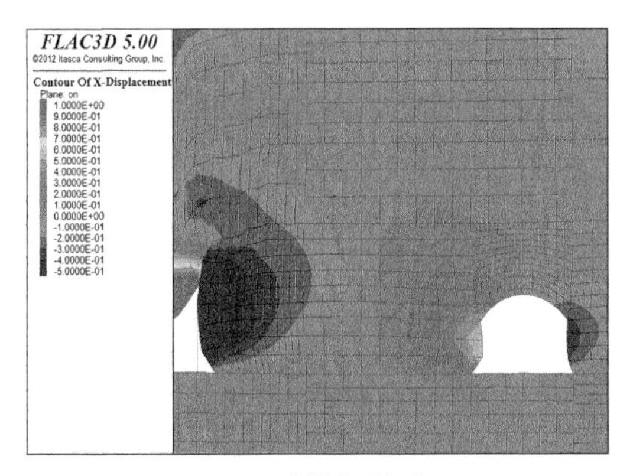

（a） 巷道水平变形

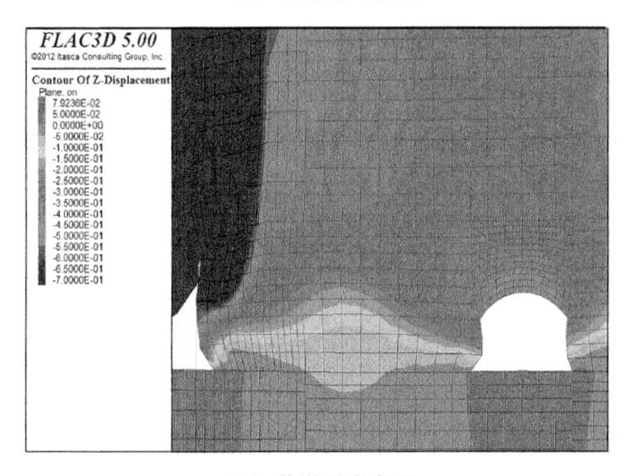

（b）巷道垂直变形

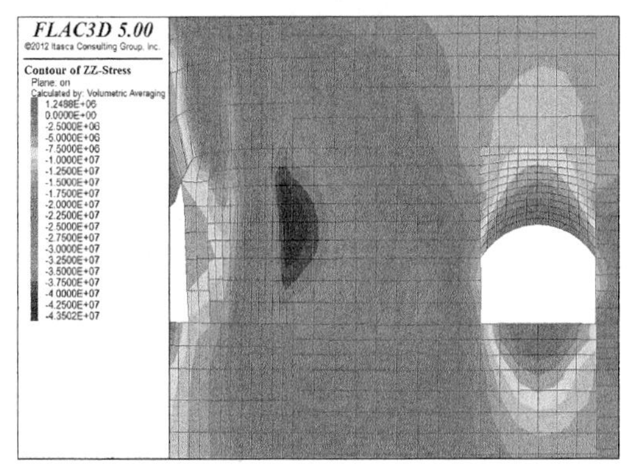

（c） 垂直应力分布图

图 4-28　工作面前方 15 m 处 14 m 煤柱稳定性模拟

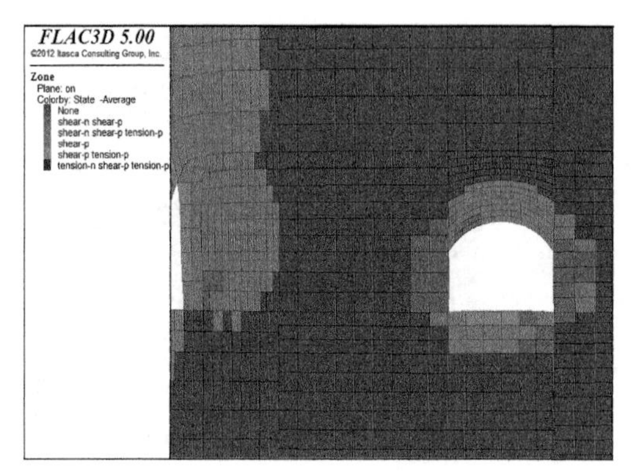

（d） 塑性区分布图

图 4-28(续)

(2) 由图 4-28(a)(b)可知，巷道煤柱帮侧表面位移量为 605 mm，实体煤侧位移量为 382 mm，顶板下沉量为 554 mm。

(3) 由图 4-28(d)可知，煤柱内部存在一定的弹性区，非塑性区宽度 7 m。

4.3.3.7 工作面前方 20 m

工作面前方 20 m 处 14 m 煤柱稳定性模拟的垂直应力分布云图、塑性区分布云图、位移云图如图 4-29 所示。

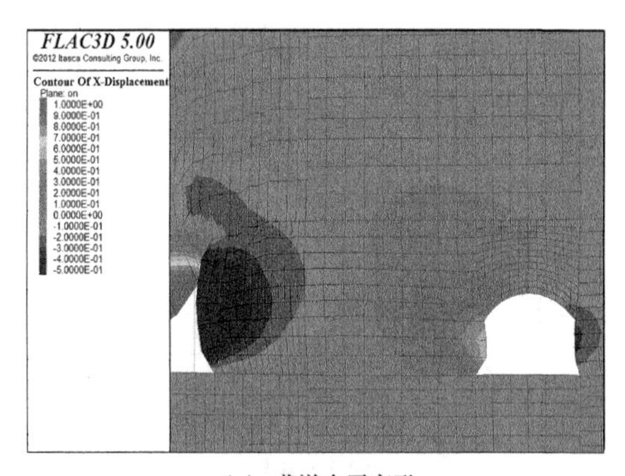

（a） 巷道水平变形

图 4-29 工作面前方 20 m 处 14 m 煤柱稳定性模拟

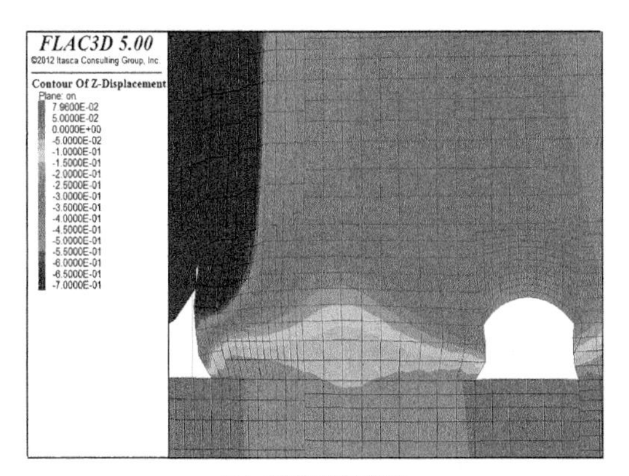

（b）巷道垂直变形

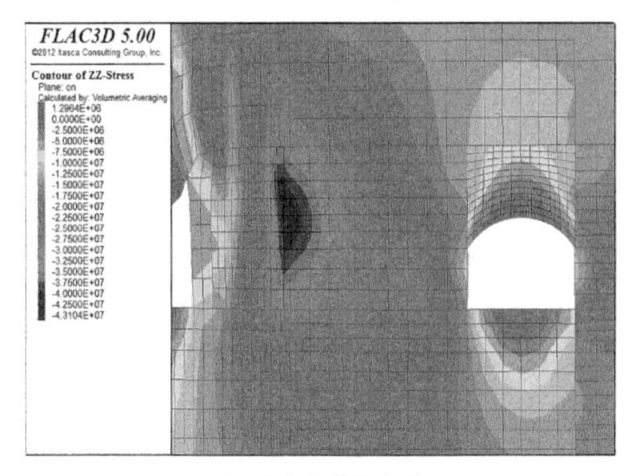

（c） 垂直应力分布图

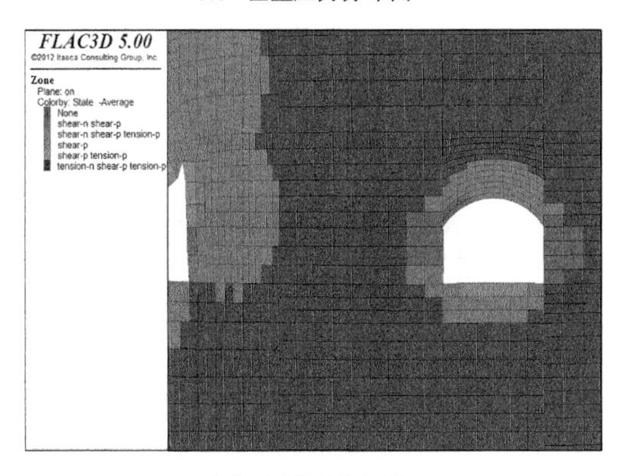

（d） 塑性区分布图

图 4-29(续)

(1) 如图 4-29(c)所示,4204 工作面回采时产生的应力集中和 4206 孤岛工作面回采时产生的超前支承压力重合,垂直应力最大为 43.1 MPa,垂直应力集中系数为 3.17。

(2) 由图 4-29(a)(b)可知,巷道煤柱帮侧表面位移量为 555 mm,实体煤侧位移量为 3 411 mm,顶板下沉量为 497 mm。

(3) 由图 4-29(d)可知,煤柱内部存在一定弹性区,非塑性区宽度 7 m。

4.3.4 煤柱宽度为 15 m 时数值模拟分析

4.3.4.1 巷道掘进期间

巷道掘进期间 15 m 煤柱的稳定性模拟,即垂直应力分布云图、塑性区分布云图、位移云图如图 4-30 所示。

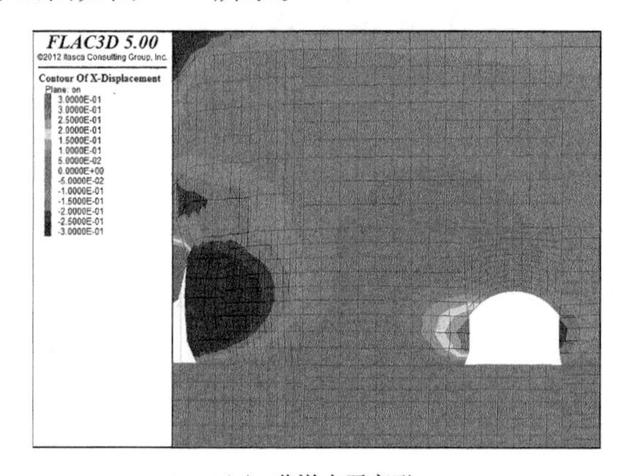

(a) 巷道水平变形

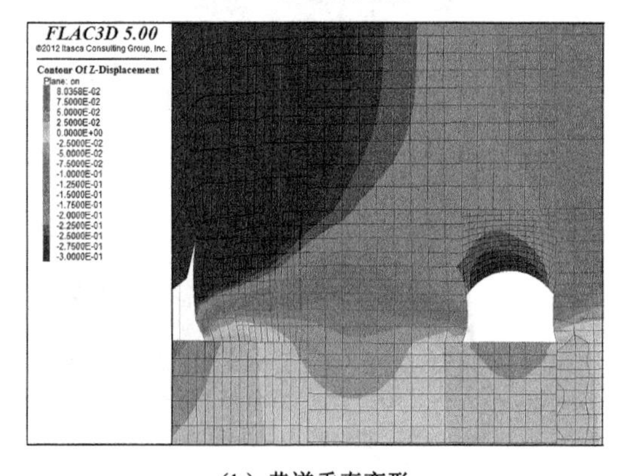

(b) 巷道垂直变形

图 4-30 15 m 煤柱巷道掘进期间煤柱稳定性模拟

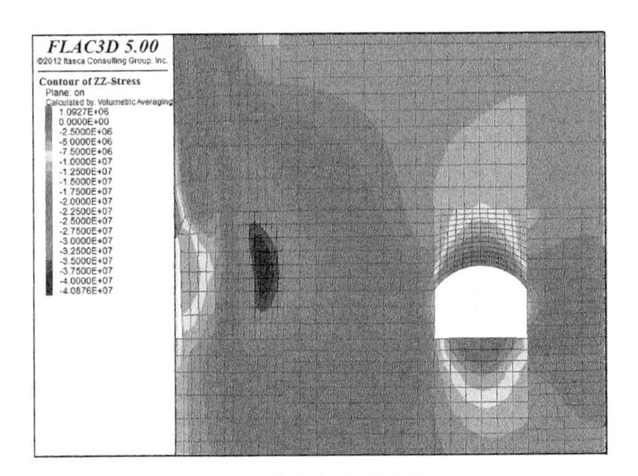

（c） 垂直应力分布图

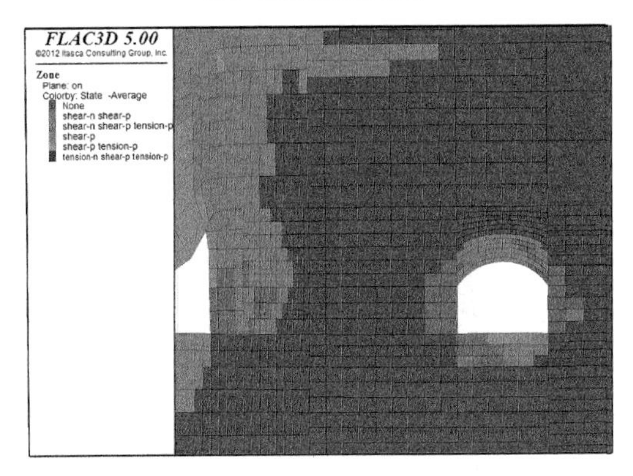

（d） 塑性区分布图

图 4-30(续)

(1) 如图 4-30(c)所示，工作面回采时产生的应力集中和巷道掘进产生的应力集中重合，在煤柱内部产生一个相当大的应力集中点，垂直应力最大为 39.9MPa，垂直应力集中系数为 2.93。

(2) 由图 4-30(a)(b)可知，巷道煤柱帮侧表面位移量为 314 mm，实体煤侧位移量为 214 mm，顶板下沉量为 308 mm。

(3) 由图 4-30(d)可知，掘进期间煤柱内部存在一定的弹性区域，非塑性区宽度为 8 m。

4.3.4.2 工作面后方 40 m 处

在实际模拟过程中，在工作面后方 40 m 处，煤柱内应力达到最大值，因此以 40 m 处 15 m 煤柱垂直应力分布云图、塑性区分布云图、位移云图作为工作面后方煤柱稳定性的分析依据，如图 4-31 所示。

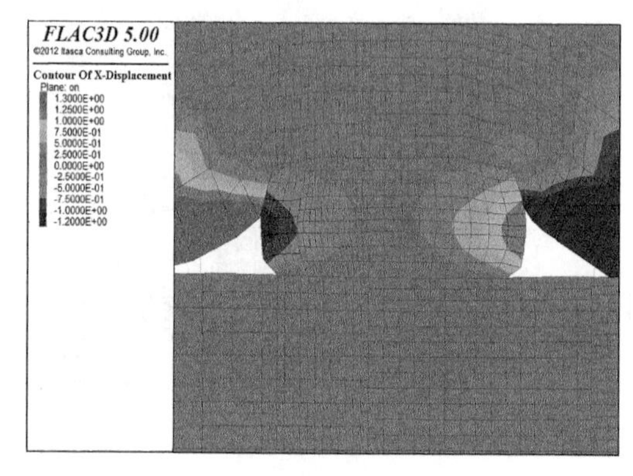

（a） 巷道水平变形

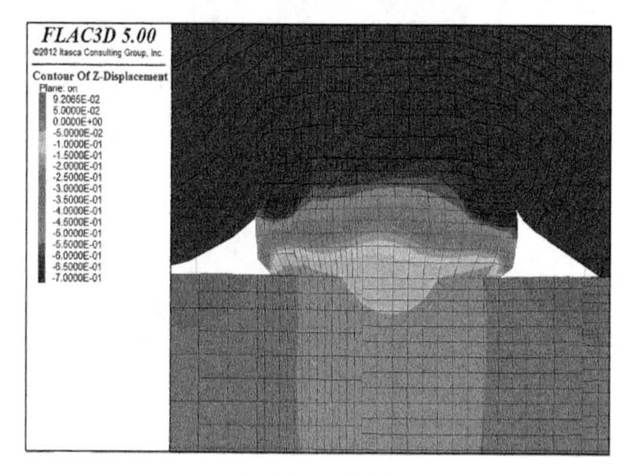

（b）巷道垂直变形

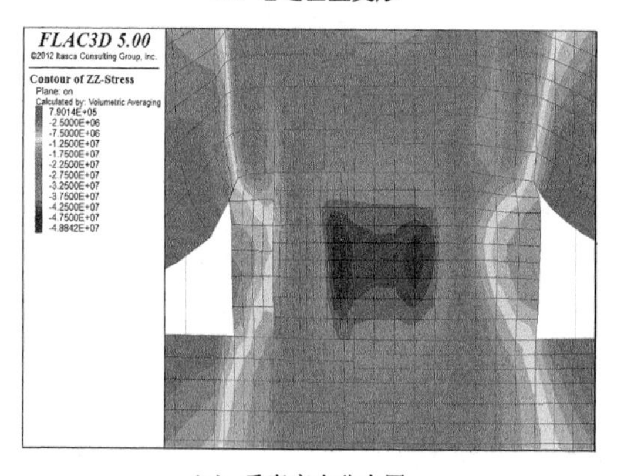

（c） 垂直应力分布图

图 4-31　工作面后方 40 m 处 15 m 煤柱稳定性模拟

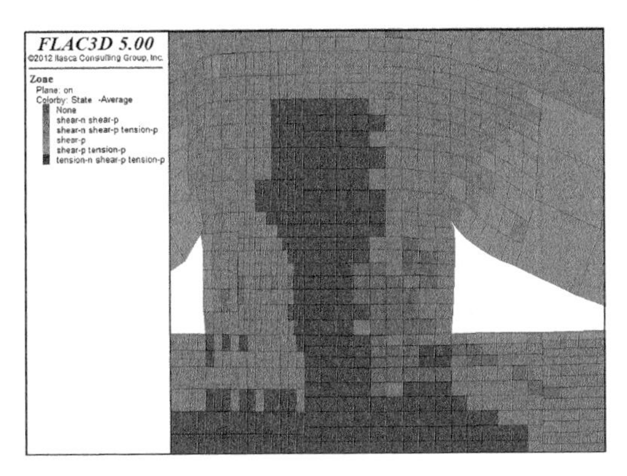

（d） 塑性区分布图

图 4-31(续)

(1) 如图 4-31(c)所示,4204 工作面回采时产生的应力集中和 4206 孤岛工作面回采产生的应力集中重合,在煤柱内部产生一个相当大的应力集中点,垂直应力最大为 49.4 MPa,垂直应力集中系数为 3.63。

(2) 由图 4-31(a)(b)可知,煤柱左帮表面位移量为 10 774 mm,煤柱右帮位移量为 1 250 mm,煤柱下缩量为 697 mm,煤柱收缩量略大。

(3) 由图 4-31(d)可知,工作面后方 40 m 煤柱内部存在一定的弹性区域,非塑性区宽度为 4 m。

4.3.4.3 工作面处

工作面处 15 m 煤柱稳定性模拟的垂直应力分布云图、塑性区分布云图、位移云图如图 4-32 所示。

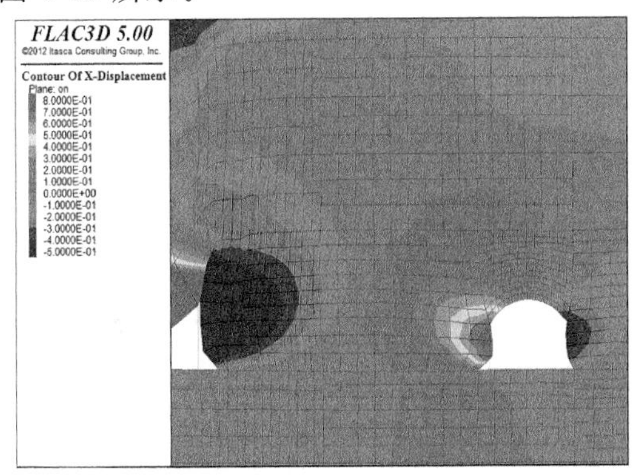

（a） 巷道水平变形

图 4-32　工作面处 15 m 煤柱稳定性模拟

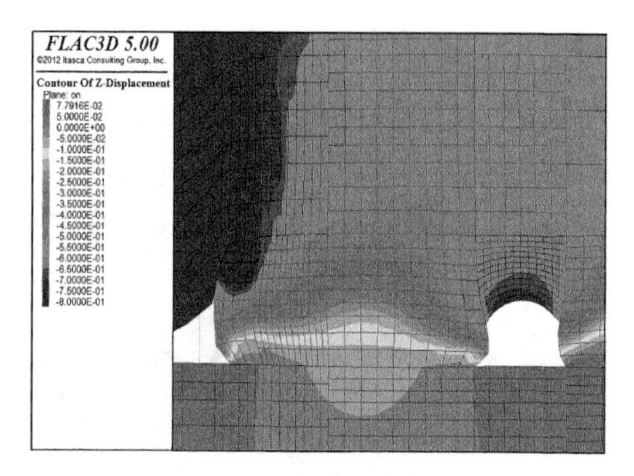

（b）巷道垂直变形

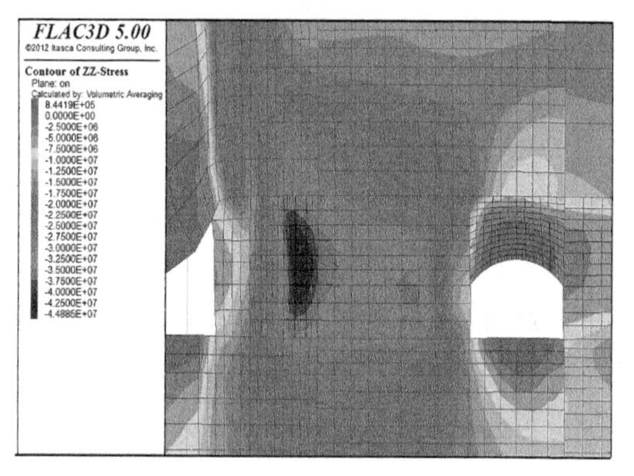

（c） 垂直应力分布图

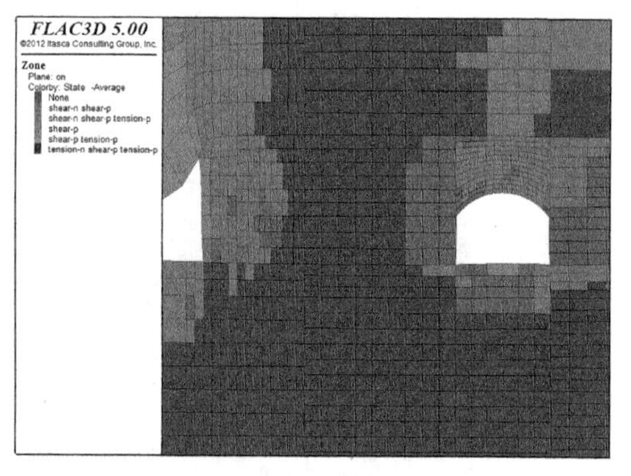

（d） 塑性区分布图

图 4-32(续)

(1) 如图 4-32(c)所示,4204 工作面回采时产生的应力集中和 4206 孤岛工作面回采时产生的超前支承压力重合,垂直应力最大为 44.9 MPa,垂直应力集中系数为 3.30。

(2) 由图 4-32(a)(b)可知,巷道煤柱帮侧表面位移量为 845 mm,实体煤侧位移量为 449 mm,顶板下沉量为 784 mm。

(3) 由图 4-32(d)可知,煤柱内部存在一定弹性区,非塑性区宽度为 7 m。

4.3.4.4　**工作面前方 5 m**

工作面前方 5 m 处 15 m 煤柱稳定性模拟的垂直应力分布云图、塑性区分布云图、位移云图如图 4-33 所示。

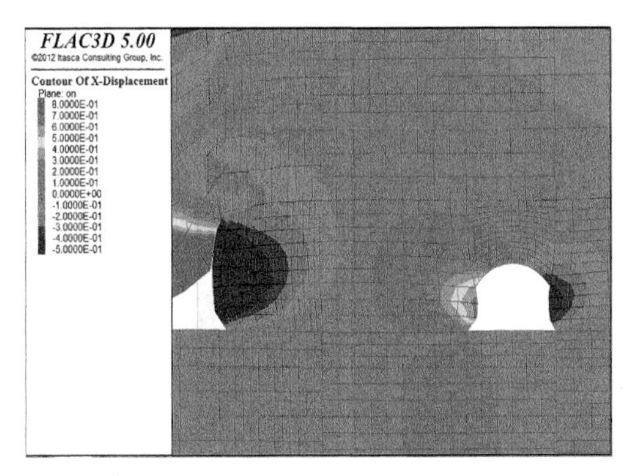

(a) 巷道水平变形

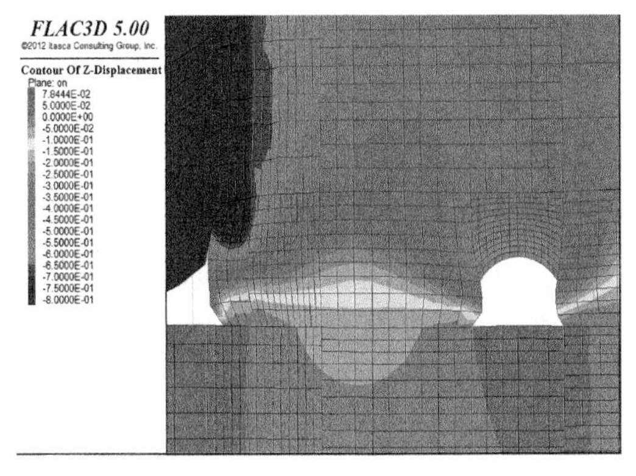

(b) 巷道垂直变形

图 4-33　工作面前方 5 m 处 15 m 煤柱稳定性模拟

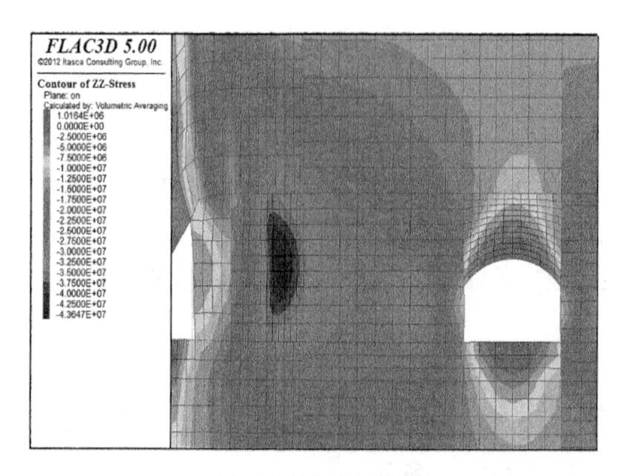

(c) 垂直应力分布图

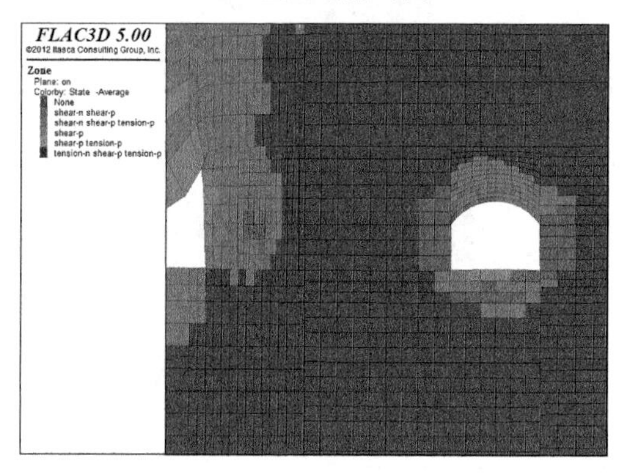

(d) 塑性区分布图

图 4-33(续)

(1) 如图 4-33(c)所示,4204 工作面回采时产生的应力集中和 4206 孤岛工作面回采时产生的超前支承压力重合,垂直应力最大为 43.6 MPa,垂直应力集中系数为 3.20。

(2) 由图 4-33(a)(b)可知,巷道煤柱帮侧表面位移量为 665 mm,实体煤侧位移量为 511 mm,顶板下沉量为 645 mm。

(3) 由图 4-33(d)可知,煤柱内部存在一定弹性区域,非塑性区宽度为 8 m。

4.3.4.5 工作面前方 10 m

工作面前方 10 m 处 15 m 煤柱稳定性模拟的垂直应力分布云图、塑性区分布云图、位移云图如图 4-34 所示。

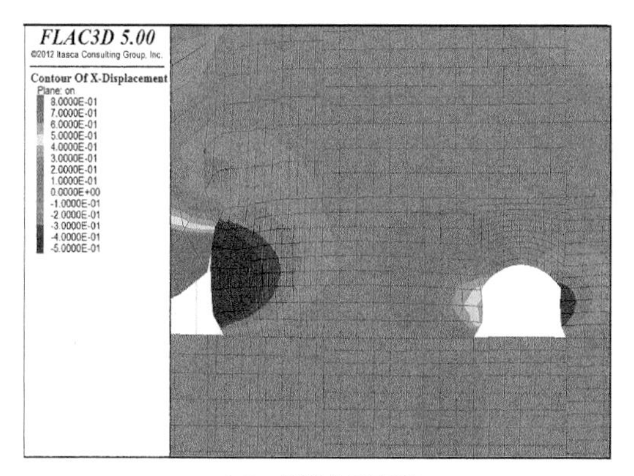

（a） 巷道水平变形

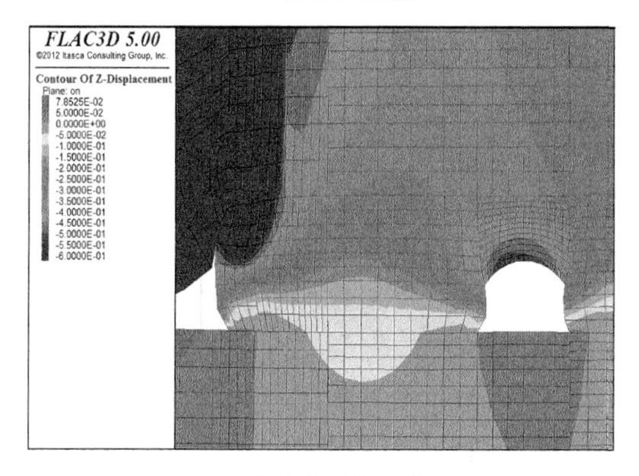

（b）巷道垂直变形

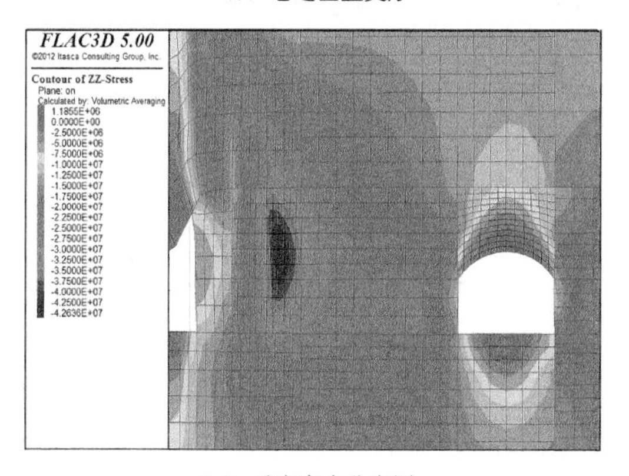

（c） 垂直应力分布图

图 4-34 工作面前方 10 m 处 15 m 煤柱稳定性模拟

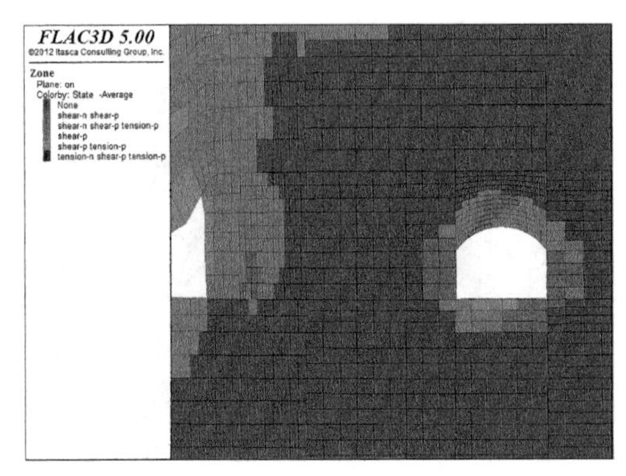

(d) 塑性区分布图

图 4-34(续)

(1) 如图 4-34(c)所示,4204 工作面回采时产生的应力集中和 4206 孤岛工作面回采时产生的超前支承压力重合,垂直应力最大为 42.6 MPa,垂直应力集中系数为 3.13。

(2) 由图 4-34(a)(b)可知,巷道煤柱帮侧表面位移量为 524 mm,实体煤侧位移量为 412 mm,顶板下沉量为 552 mm。

(3) 由图 4-34(d)可知,煤柱内部存在一定弹性区,非塑性区宽度为 8 m。

4.3.4.6 工作面前方 15 m

工作面前方 15 m 处 15 m 煤柱稳定性模拟的垂直应力分布云图、塑性区分布云图、位移云图如图 4-35 所示。

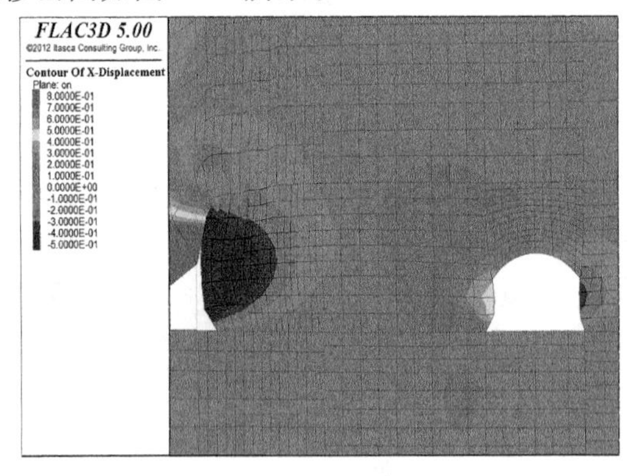

(a) 巷道水平变形

图 4-35 工作面前方 15 m 处 15 m 煤柱稳定性模拟

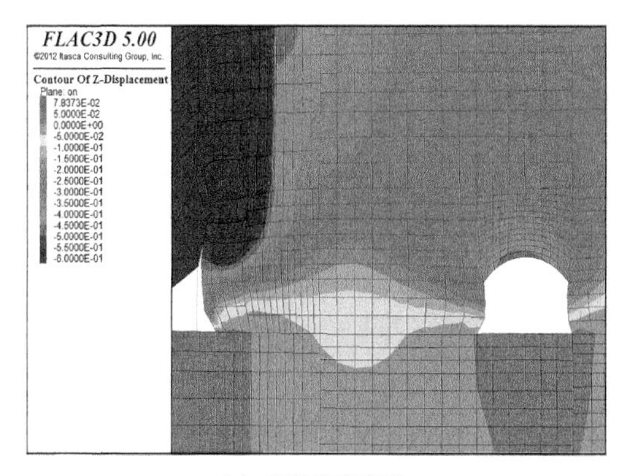

（b）巷道垂直变形

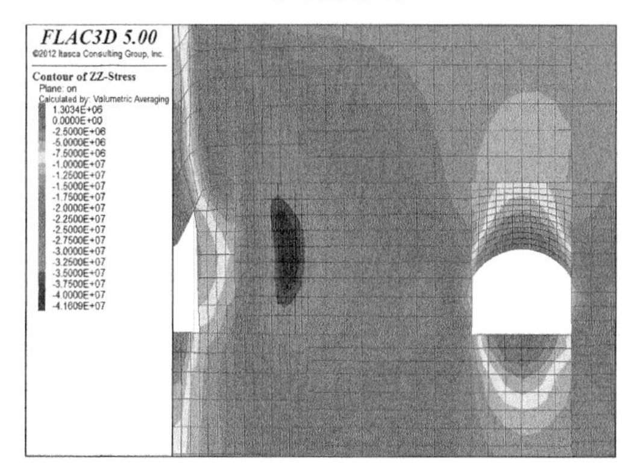

（c） 垂直应力分布图

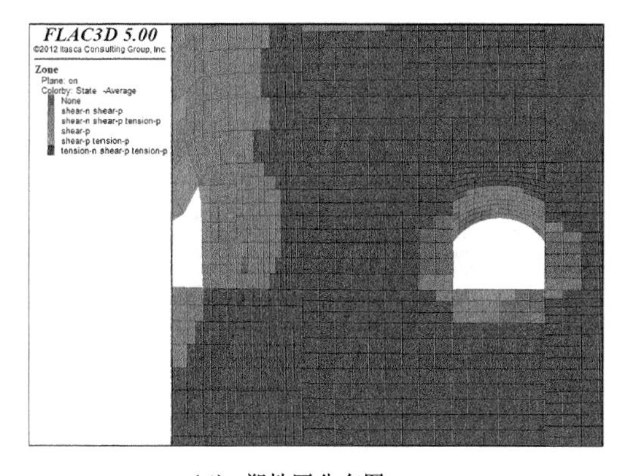

（d） 塑性区分布图

图 4-35(续)

(1) 如图 4-35(c)所示,4204 工作面回采时产生的应力集中和 4206 孤岛工作面回采时产生的超前支承压力重合,垂直应力最大为 41.6 MPa,垂直应力集中系数为 3.06。

(2) 由图 4-35(a)(b)可知,巷道煤柱帮侧表面位移量为 479 mm,实体煤侧位移量为 344 mm,顶板下沉量为 493 mm。

(3) 由图 4-35(d)可知,煤柱内部存在一定弹性区,非塑性区宽度为 8 m。

4.3.4.7 工作面前方 20 m

工作面前方 20 m 处 15 m 煤柱稳定性模拟的垂直应力分布云图、塑性区分布云图、位移云图如图 4-36 所示。

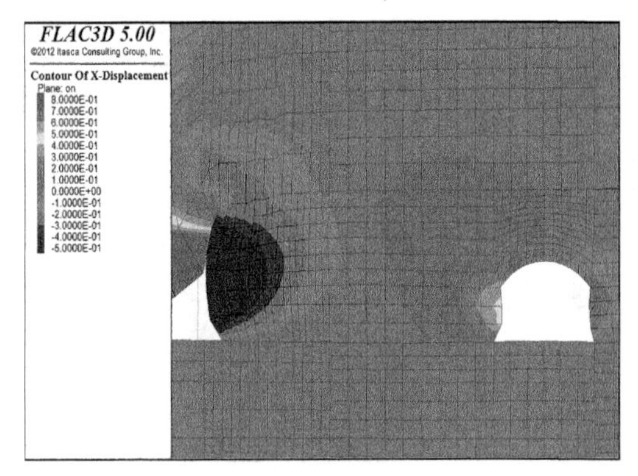

(a) 巷道水平变形

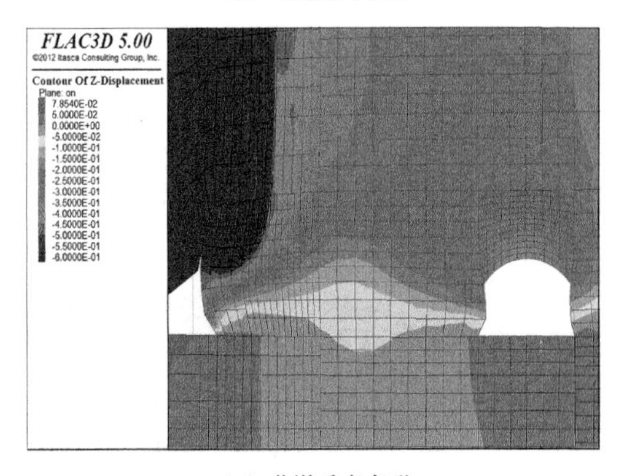

(b) 巷道垂直变形

图 4-36 工作面前方 20 m 处 15 m 煤柱稳定性模拟

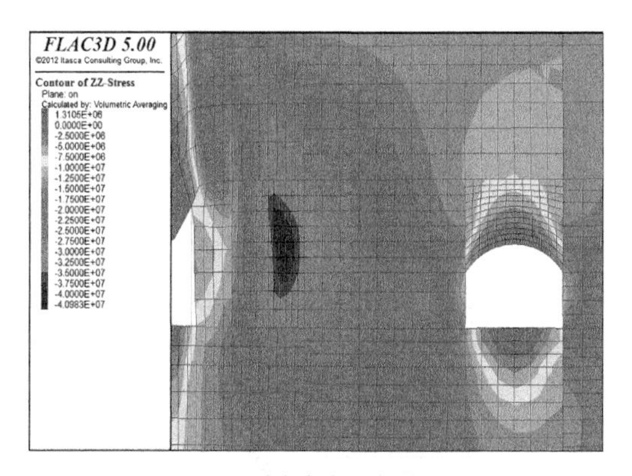

（c） 垂直应力分布图

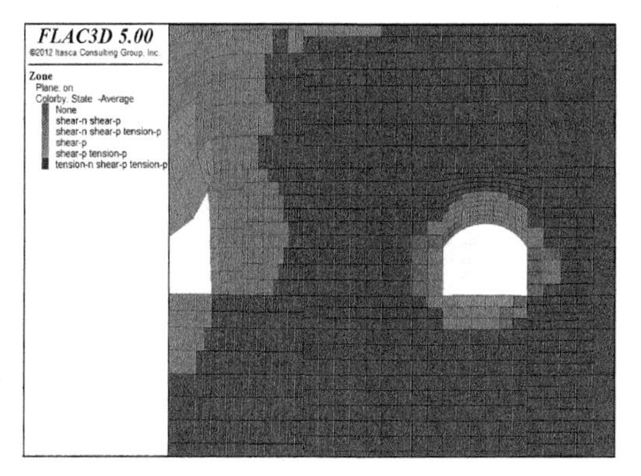

（d） 塑性区分布图

图 4-36(续)

(1) 如图 4-36(c)所示，4204 工作面回采时产生的应力集中和 4206 孤岛工作面回采时产生的超前支承压力重合，垂直应力最大为 41.0 MPa，垂直应力集中系数为 3.08。

(2) 由图 4-36(a)(b)可知，巷道煤柱帮侧表面位移量为 441 mm，实体煤侧位移量为 305 mm，顶板下沉量为 444 mm。

(3) 由图 4-36(d)可知，煤柱内部存在一定弹性区，非塑性区宽度为 8 m。

4.3.5 煤柱宽度为 16 m 时数值模拟分析

4.3.5.1 巷道掘进期间

煤柱宽度为 16 m 时巷道掘进期间的煤柱稳定性模拟，即垂直应力分布云图、塑性区分布云图、位移云图如图 4-37 所示。

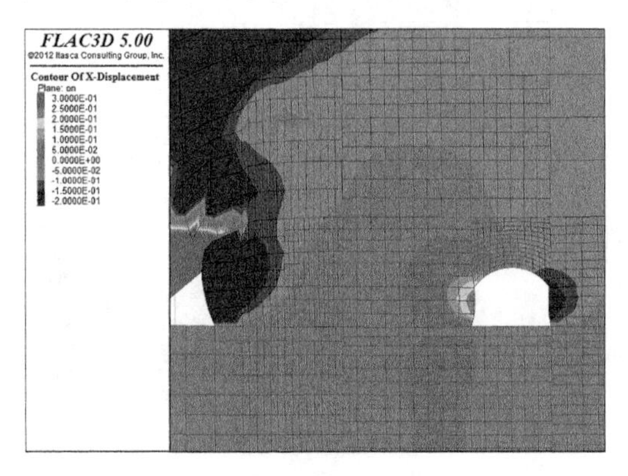

（a） 巷道水平变形

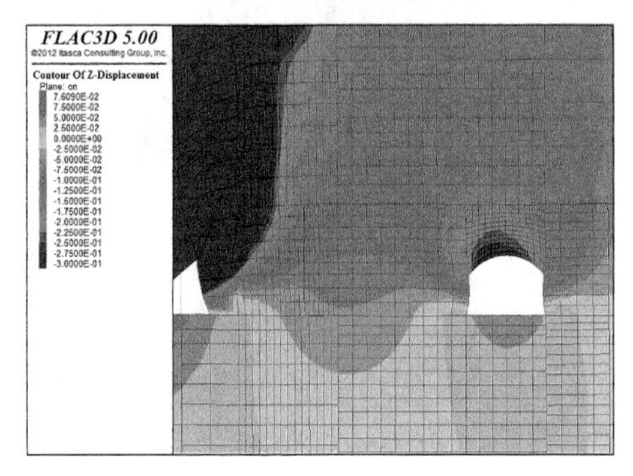

（b）巷道垂直变形

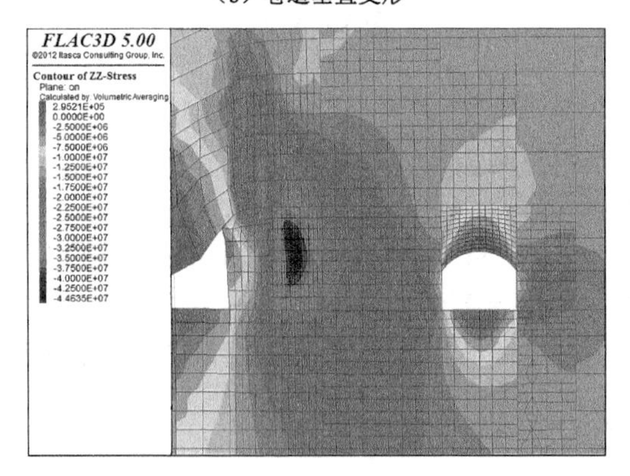

（c） 垂直应力分布图

图 4-37　16 m 煤柱巷道掘进期间煤柱稳定性模拟

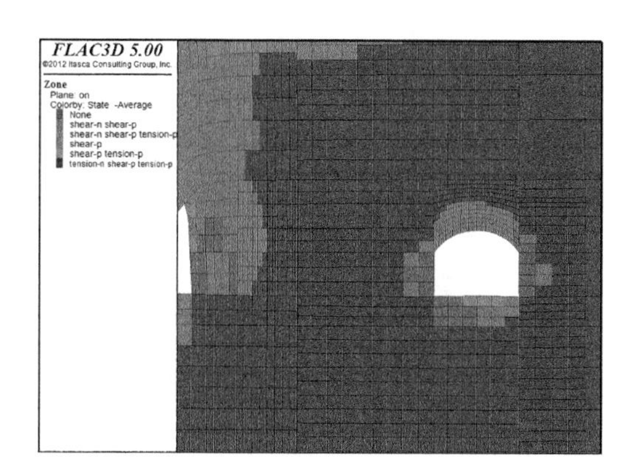

(d) 塑性区分布图

图 4-37(续)

(1) 如图 4-37(c)所示,工作面回采时产生的应力集中和巷道掘进产生的应力集中重合,在煤柱内部产生一个相当大的应力集中点,垂直应力最大为 39.7 MPa,垂直应力集中系数为 2.92。

(2) 由图 4-37(a)(b)可知,巷道煤柱帮侧表面位移量为 297 mm,实体煤侧位移量为 211 mm,顶板下沉量为 297 mm。

(3) 由图 4-37(d)可知,煤柱内部具有很大的弹性区,非塑性区宽度为 9 m。

4.3.5.2 工作面后方 40 m 处

在实际模拟过程中,在工作面后方 40 m 处,煤柱内应力达到最大值,因此以 40 m 处 16 m 煤柱垂直应力分布云图、塑性区分布云图、位移云图作为工作面后方煤柱稳定性的分析依据,如图 4-38 所示。

(1) 如图 4-38(c)所示,4204 工作面回采产生的应力集中和 4206 孤岛工作面回采产生的应力集中重合,在煤柱内部产生一个相当大的应力集中点,垂直应力最大为 48.8 MPa,垂直应力集中系数为 3.59。

(2) 由图 4-38(a)(b)可知,煤柱左帮表面位移量为 1 064 mm,煤柱右帮位移量为 1 194 mm,煤柱下缩量为 683 mm,煤柱收缩量略大。

(3) 由图 4-38(d)可知,煤柱内部存在一定的弹性区域,非塑性区宽度为 6 m。

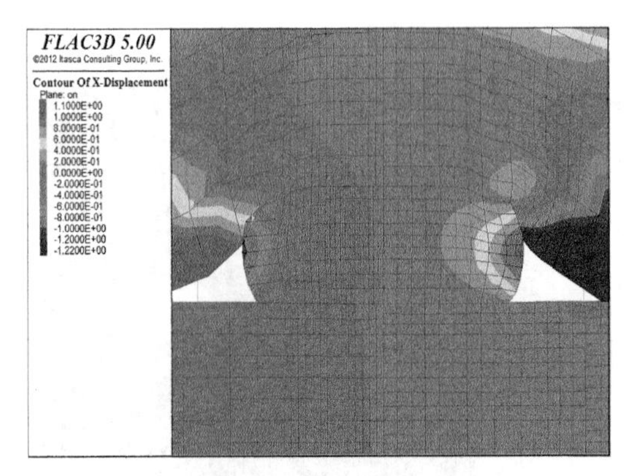

（a） 巷道水平变形

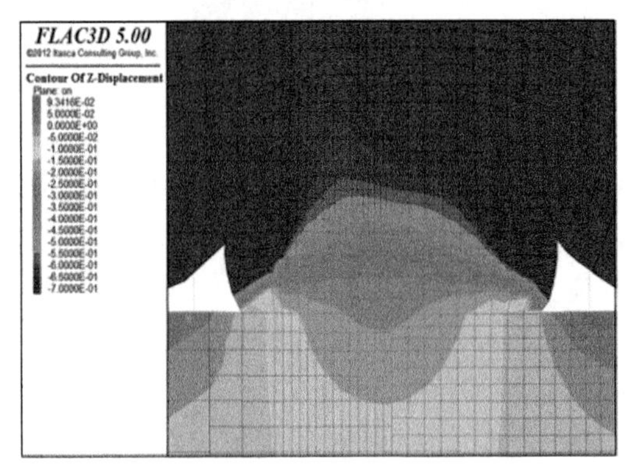

（b）巷道垂直变形

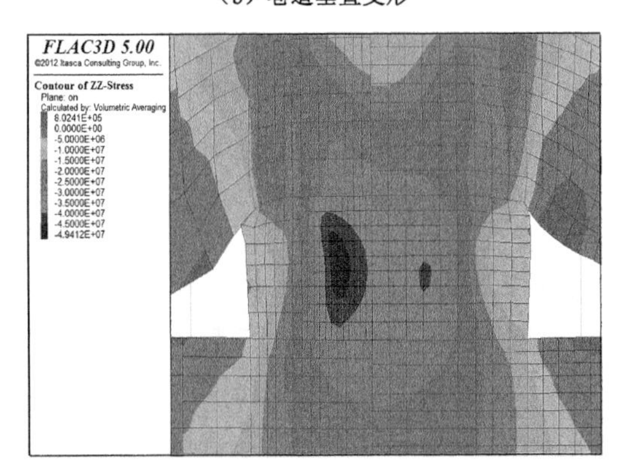

（c） 垂直应力分布图

图 4-38　工作面后方 40 m 处 16 m 煤柱稳定性模拟

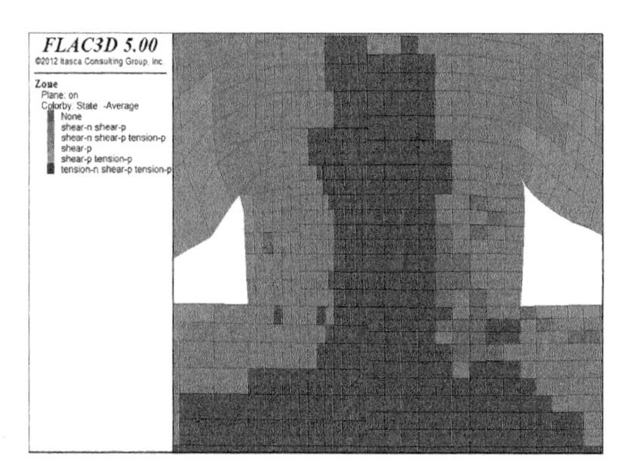

(d) 塑性区分布图

图 4-38(续)

4.3.5.3 工作面处

工作面处 16 m 煤柱稳定性模拟的垂直应力分布云图、塑性区分布云图、位移云图如图 4-39 所示。

(1) 如图 4-39(c)所示,4204 工作面回采产生的应力集中和 4206 孤岛工作面回采产生的超前支承压力重合,垂直应力最大为 44.5 MPa,垂直应力集中系数为 3.27。

(2) 由图 4-39(a)(b)可知,巷道煤柱帮侧表面位移量为 821 mm,实体煤侧位移量为 441 mm,顶板下沉量为 750 mm。

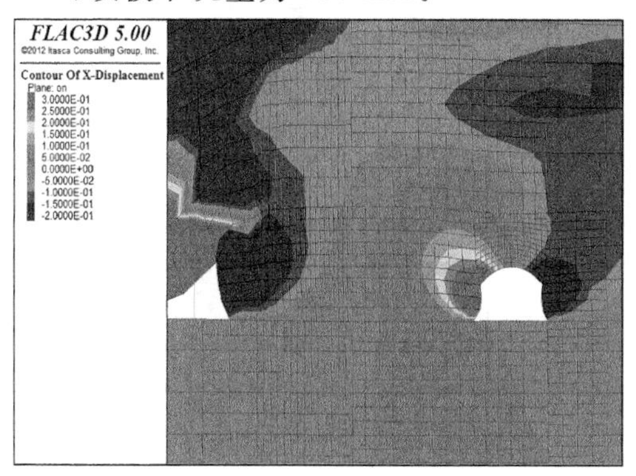

(a) 巷道水平变形

图 4-39 工作面处 16 m 煤柱稳定性模拟

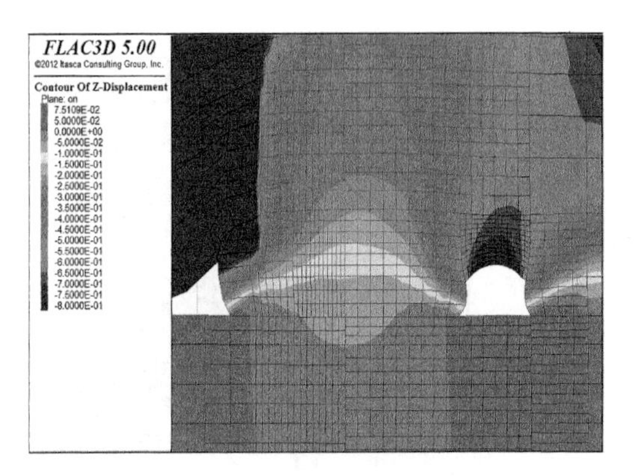

（b）巷道垂直变形

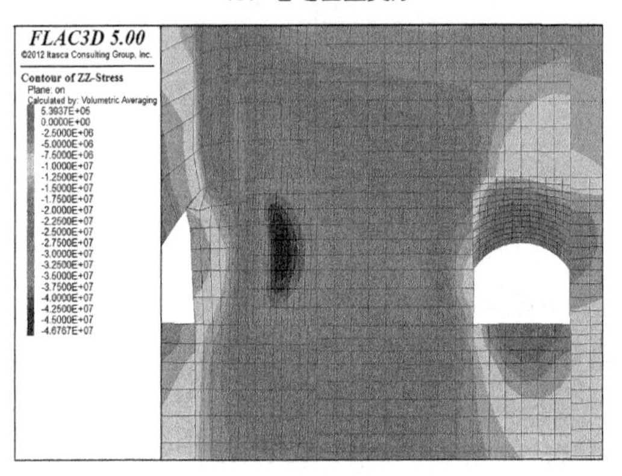

（c） 垂直应力分布图

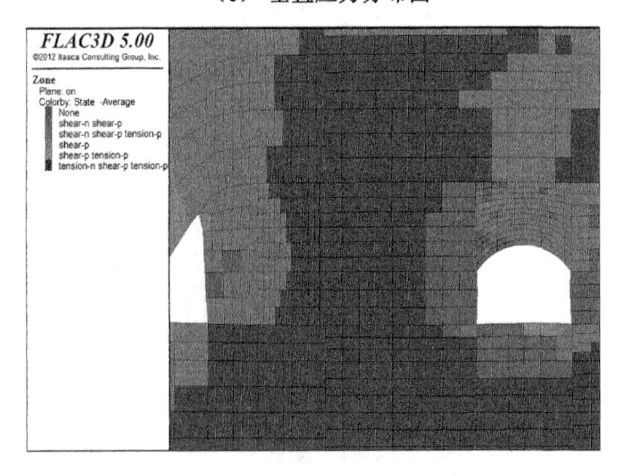

（d） 塑性区分布图

图 4-39(续)

（3）由图 4-39(d)可知，煤柱内部存在一定的弹性区，非塑性区宽度为 8 m。

4.3.5.4 工作面前方 5 m

工作面前方 5 m 处 16 m 煤柱稳定性模拟的垂直应力分布云图、塑性区分布云图、位移云图如图 4-40 所示。

（1）如图 4-40(c)所示，4204 工作面回采产生的应力集中和 4206 孤岛工作面回采产生的超前支承压力重合，垂直应力最大为 45.8 MPa，垂直应力集中系数为 3.36。

（2）由图 4-40(a)(b)可知，巷道煤柱帮侧表面位移量为 657 mm，实体煤侧位移量为 494 mm，顶板下沉量为 678 mm。

（3）由图 4-40(d)可知，煤柱内部存在一定的弹性区，非塑性区宽度为 9 m。

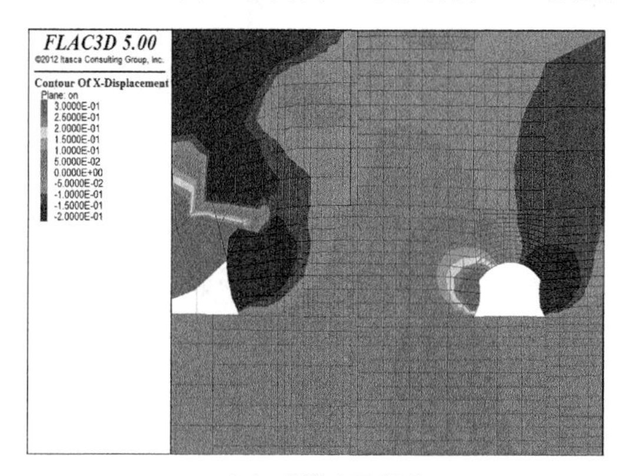

（a） 巷道水平变形

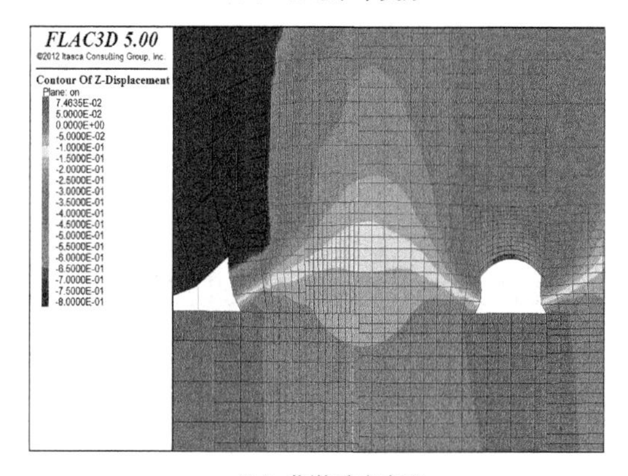

（b） 巷道垂直变形

图 4-40 工作面前方 5 m 处 16 m 煤柱稳定性模拟

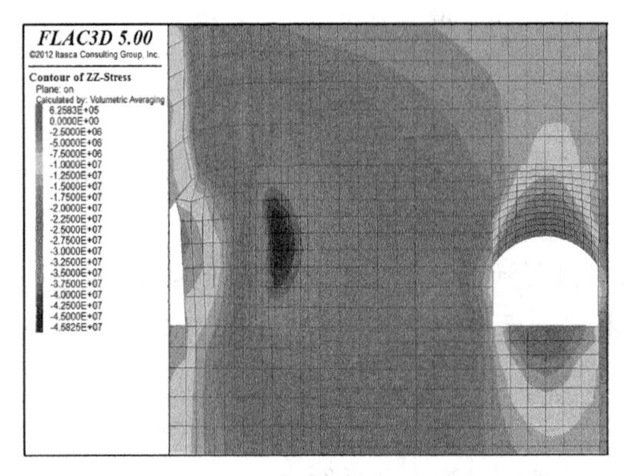

(c) 垂直应力分布图

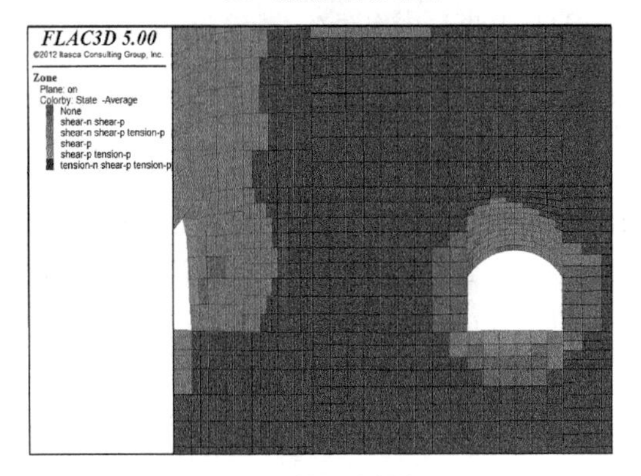

(d) 塑性区分布图

图 4-40(续)

4.3.5.5 工作面前方 10 m

工作面前方 10 m 处 16 m 煤柱稳定性模拟的垂直应力分布云图、塑性区分布云图、位移云图如图 4-41 所示。

(1) 如图 4-41(c)所示，4204 工作面回采产生的应力集中和 4206 孤岛工作面回采产生的超前支承压力重合，垂直应力最大为 45.3 MPa，垂直应力集中系数为 3.33。

(2) 由图 4-41(a)(b)可知，巷道煤柱帮侧表面位移量为 507 mm，实体煤侧位移量为 393 mm，顶板下沉量为 542 mm。

(3) 由图 4-41(d)可知，煤柱内部存在一定的弹性区，非塑性区宽度为 9 m。

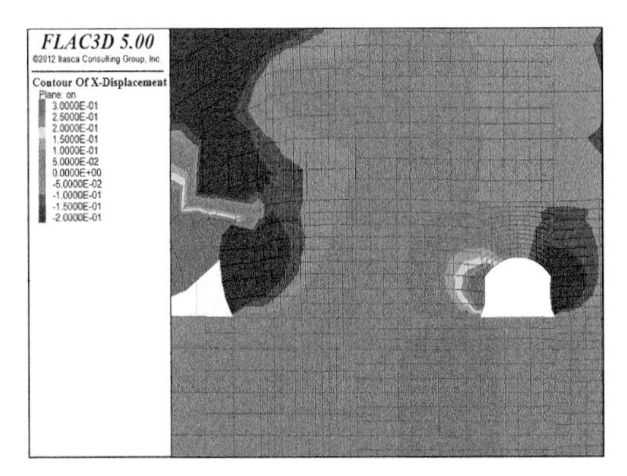

（a） 巷道水平变形

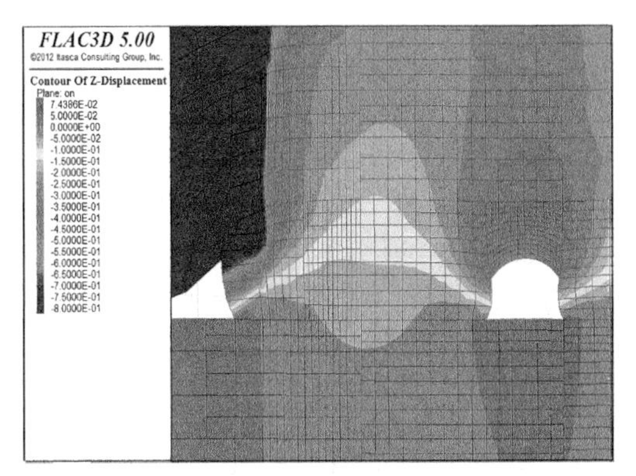

（b）巷道垂直变形

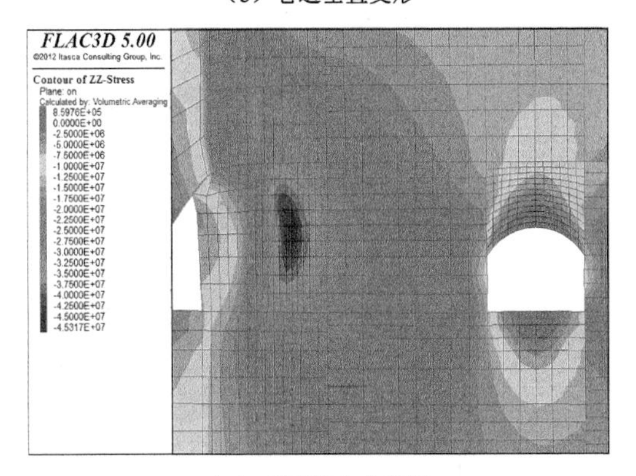

（c） 垂直应力分布图

图 4-41　工作面前方 10 m 处 16 m 煤柱稳定性模拟

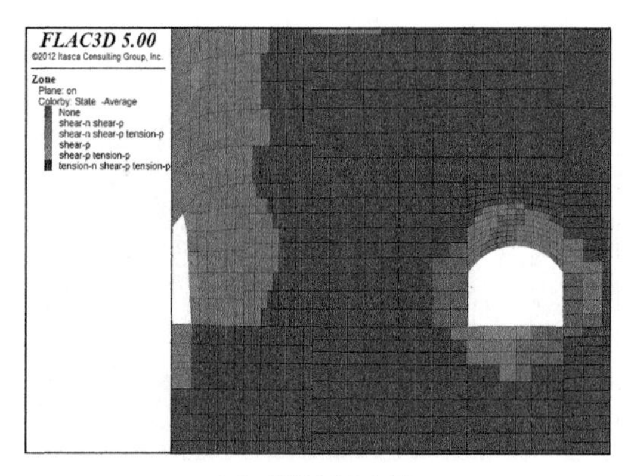

(d) 塑性区分布图

图 4-41(续)

4.3.5.6 工作面前方 15 m

工作面前方 15 m 处 16 m 煤柱稳定性模拟的垂直应力分布云图、塑性区分布云图、位移云图如图 4-42 所示。

(1) 如图 4-42(c)所示，4204 工作面回采产生的应力集中和 4206 孤岛工作面回采产生的超前支承压力重合，垂直应力最大为 44.9 MPa，垂直应力集中系数为 3.30。

(2) 由图 4-42(a)(b)可知，巷道煤柱帮侧表面位移量为 457 mm，实体煤侧位移量为 314 mm，顶板下沉量为 435 mm。

(3) 由图 4-42(d)可知，煤柱内部存在一定的弹性区，非塑性区宽度为 9 m。

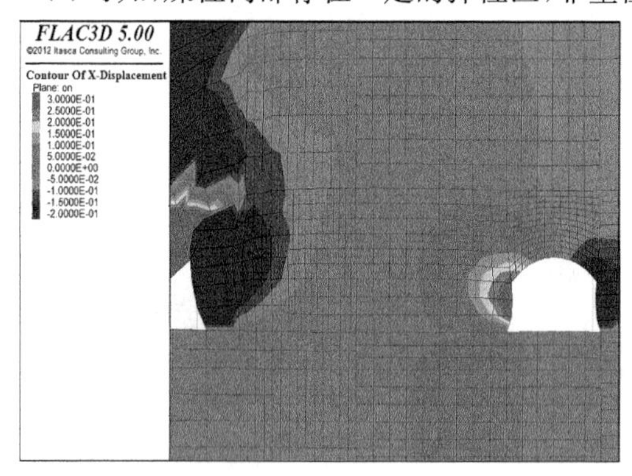

(a) 巷道水平变形

图 4-42 工作面前方 15 m 处 16 m 煤柱稳定性模拟

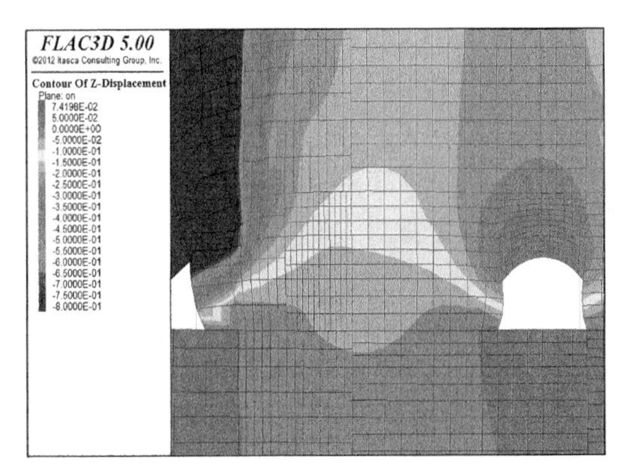

（b）巷道垂直变形

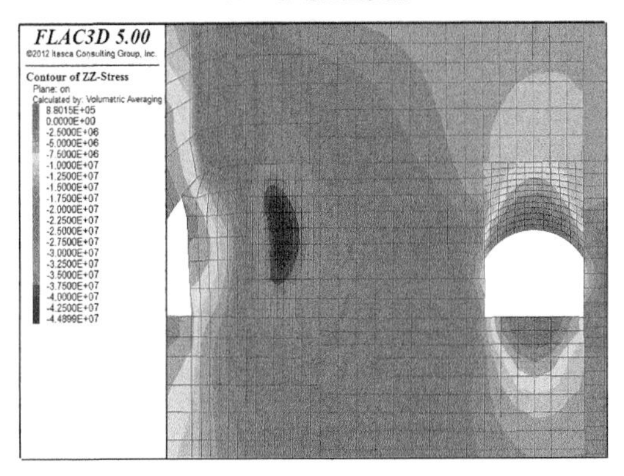

（c） 垂直应力分布图

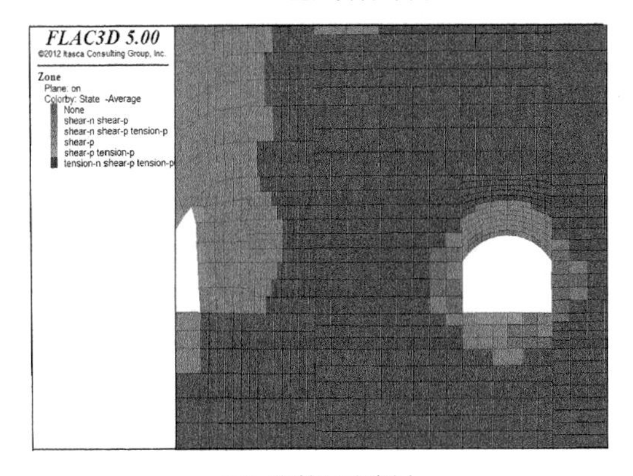

（d） 塑性区分布图

图 4-42(续)

4.3.5.7 工作面前方 20 m

工作面前方 20 m 处 16 m 煤柱稳定性模拟的垂直应力分布云图、塑性区分布云图、位移云图如图 4-43 所示。

(1) 如图 4-43(c)所示，4204 工作面回采产生的应力集中和 4206 孤岛工作面回采产生的超前支承压力重合，垂直应力最大为 44.6 MPa，垂直应力集中系数为 3.28。

(2) 由图 4-43(a)(b)可知，巷道煤柱帮侧表面位移量为 429 mm，实体煤侧位移量为 303 mm，顶板下沉量为 374 mm。

(3) 由图 4-43(d)可知，煤柱内部存在一定的弹性区，非塑性区宽度 9 m。

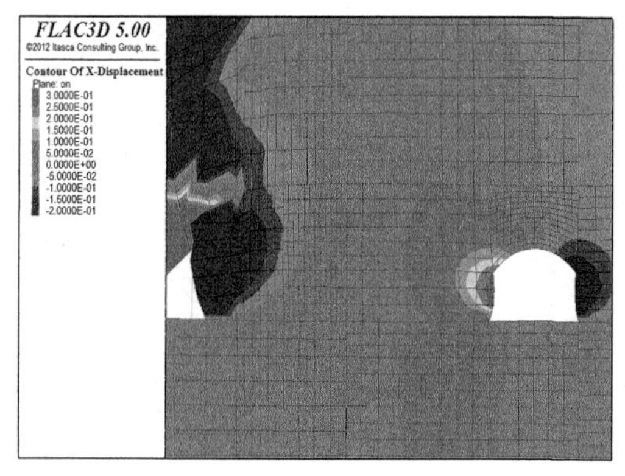

(a) 巷道水平变形

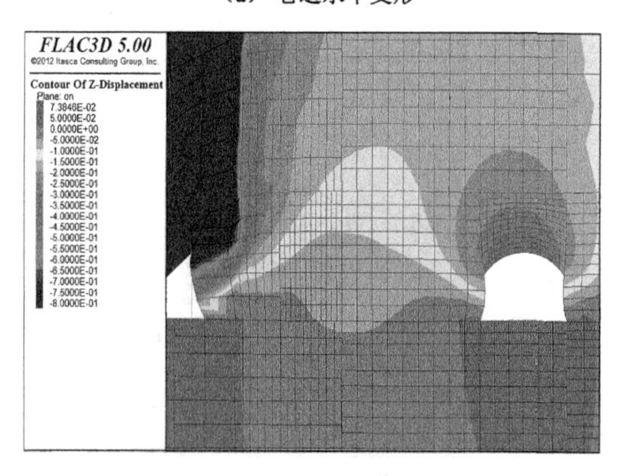

(b) 巷道垂直变形

图 4-43 工作面前方 20 m 处 16 m 煤柱稳定性模拟

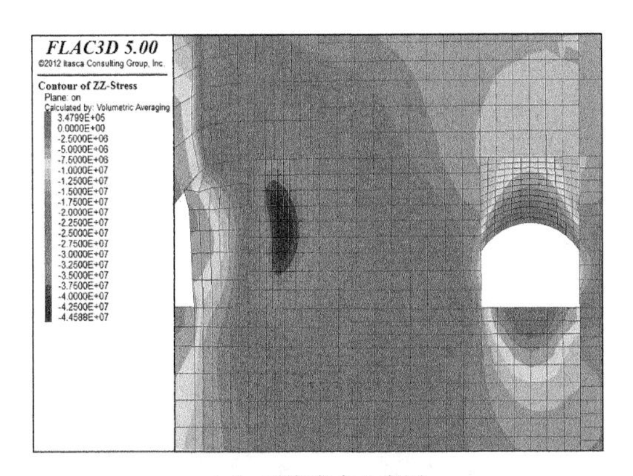

（c） 垂直应力分布图

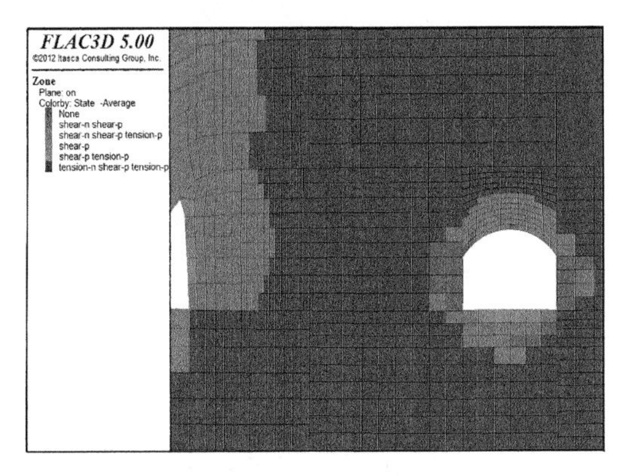

（d） 塑性区分布图

图 4-43(续)

4.3.6 运输顺槽不同煤柱宽度数值模拟分析

由模拟实验结果可以看出，在工作面后方 40 m 处，煤柱内部的垂直应力最大，且塑性区发展最为完全。考虑到 4206 采空区和 4204、4208 采空区相互之间不漏风，因此采空区的煤柱应当未被裂隙贯穿，且依旧具有一定的承载能力。当采空区的煤柱能保证不漏风，且具有一定承载能力时，则掘进期间的煤柱和回采时工作面前方的煤柱也能够保证不漏风及具有承载能力。因此，我们采用巷道掘进期间、采空区后方 40 m 和工作面处的煤柱的状态作为依据，对比煤柱宽度为 12 m、13 m、14 m、15 m 及 16 m 时煤柱内的应力、变形和塑性区分布状况，确定煤柱宽度的合理范围。

4.3.6.1 煤柱内围岩应力状态分析

工作面后方 40 m 处几种宽度煤柱的应力分布模拟图见图 4-44。通过对工作面后方的煤柱内应力分析，可以参考得出合理的煤柱宽度。

由图 4-44 可知，由于 4204 工作面的回采以及 4206 孤岛工作面的回采，顶板断裂下沉，形成砌体梁结构，同时会在煤柱内产生两个相当大的应力集中点，两个应力集中点之间的相对位置会对煤柱的应力状态以及破坏分布造成影响。

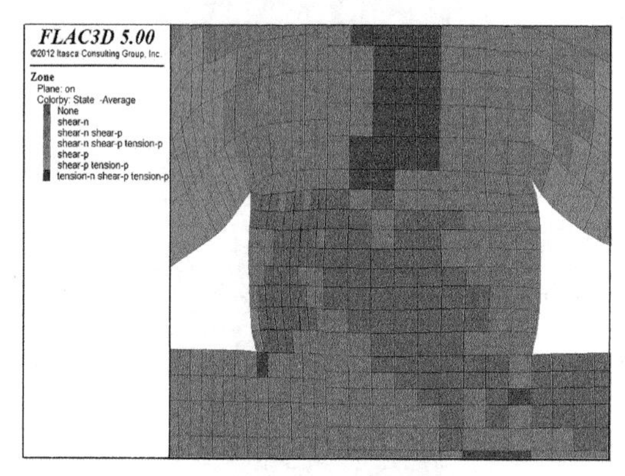

(a) 12 m煤柱

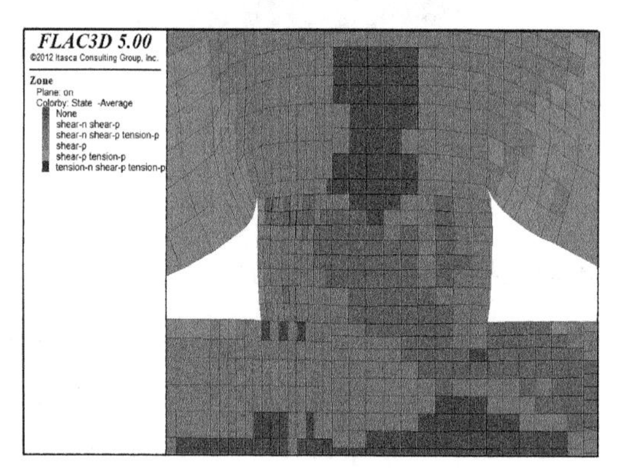

(b) 13 m煤柱

图 4-44 工作面后方 40 m 处不同宽度煤柱应力分布模拟

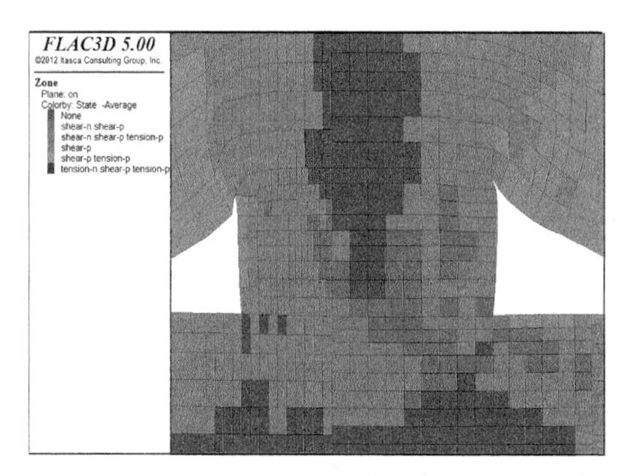

（c） 14 m煤柱

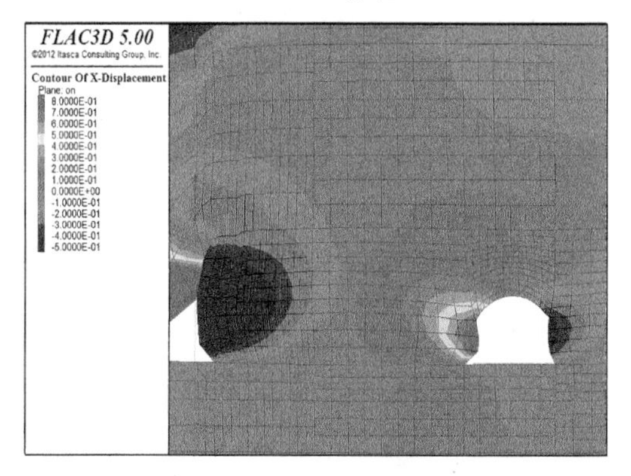

（d） 15 m煤柱

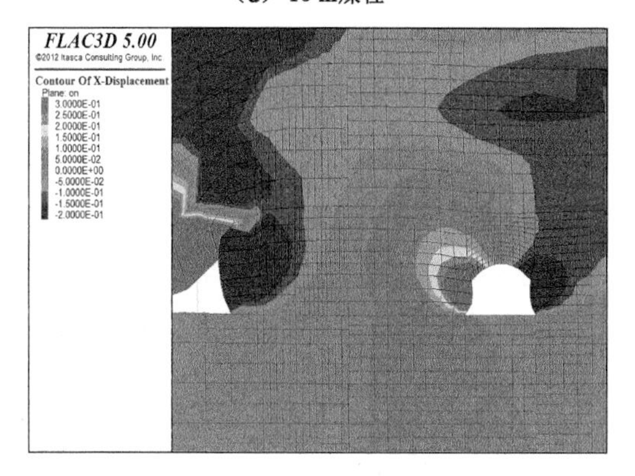

（e） 16 m煤柱

图 4-44(续)

当煤柱宽度为 12 m 时，4204 孤岛工作面和 4206 孤岛工作面产生的应力集中点互相重合，应力集中叠加，煤柱内的应力值达到最大，煤柱被完全破坏；当煤柱宽度为 13 m 时，4204 孤岛工作面和 4206 孤岛工作面产生的应力集中点依旧互相重合，应力集中叠加，煤柱内的应力值达到较大，煤柱被完全破坏；当煤柱宽度为 14 m 时，4204 孤岛工作面和 4206 孤岛工作面产生的应力集中点开始分开，应力集中叠加降低，煤柱内的应力值较大，煤柱存在 1 m 的弹性区域，同时煤柱底部被完全破坏，被裂隙贯穿，防火防瓦斯能力很差，4204 采空区与 4206 采空区相互贯通，会发生漏风和瓦斯超限等现象；当煤柱宽度为 15 m 时，4204 孤岛工作面和 4206 孤岛工作面产生的应力集中点基本分开，两个应力集中相互影响较小，煤柱内的应力值基本降到最低，煤柱内存在 4 m 的弹性区，具有较好的防火、防瓦斯能力；当煤柱宽度为 16 m 时，4204 孤岛工作面和 4206 孤岛工作面产生的应力集中点完全分开，应力集中分布均匀，煤柱内的应力值达到最小，但与 15 m 煤柱内应力相差不大，煤柱内弹性区域 6 m，浪费煤炭资源。

可见，合理的 4206 运输顺槽煤柱宽度应为 15 m。

4.3.6.2 巷道掘进期间围岩稳定性

巷道掘进期间煤柱应力及巷道变形情况见表 4-3 和图 4-45。

表 4-3 巷道掘进期间围岩稳定性情况

煤柱宽度/m	垂直应力/MPa	垂直应力系数	煤柱帮位移量/mm	实体煤帮位移量/mm	顶板下沉量/mm	非塑性区宽度/m
12	44.6	3.28	676	271	419	4
13	42.9	3.15	561	251	402	6
14	40.9	3.01	381	226	360	7
15	39.9	2.93	314	214	308	8
16	39.7	2.92	297	211	297	9

(1) 如表 4-3 所列，煤柱内最大垂直应力为 44.6 MPa、垂直应力系数为 3.28，此时煤柱宽度为 12 m；煤柱内最小垂直应力为 39.7 MPa、垂直应力系数为 2.92，此时煤柱宽度为 16 m。

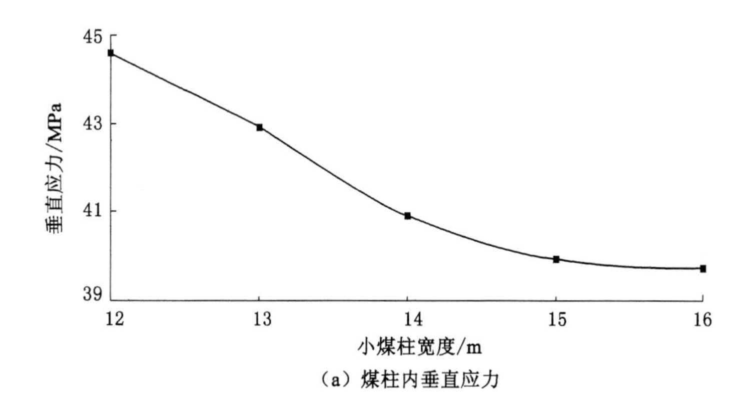

（a）煤柱内垂直应力

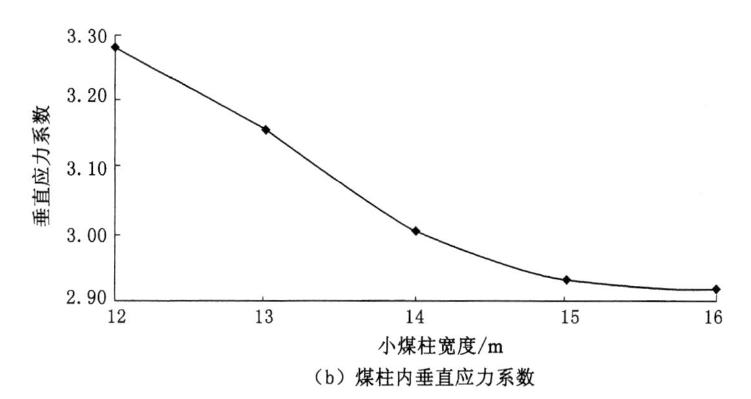

（b）煤柱内垂直应力系数

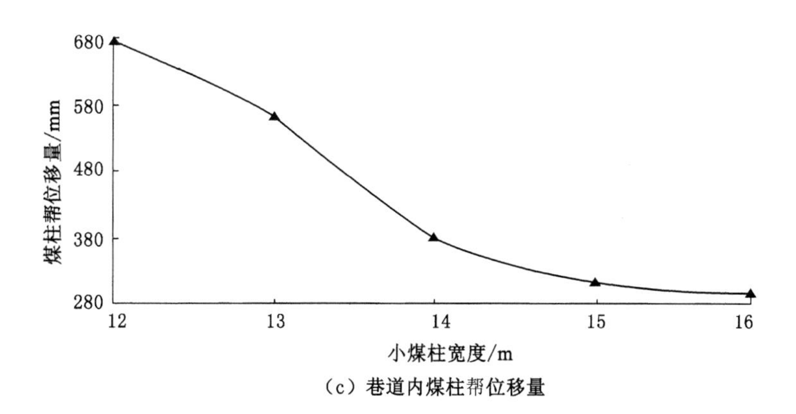

（c）巷道内煤柱帮位移量

图 4-45　巷道掘进期间煤柱应力状况

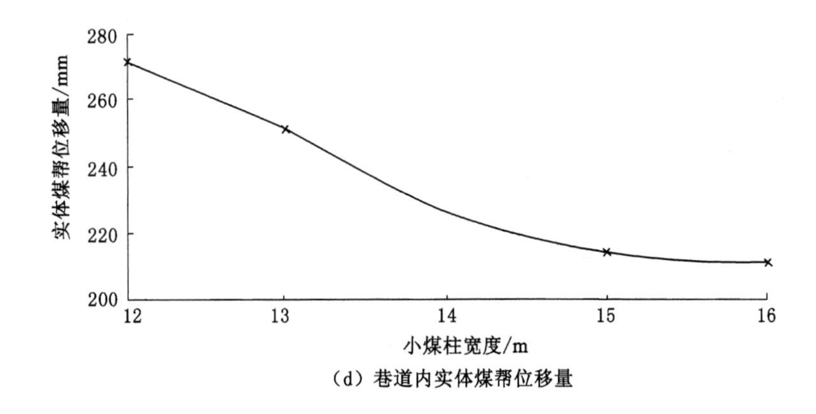

(d) 巷道内实体煤帮位移量

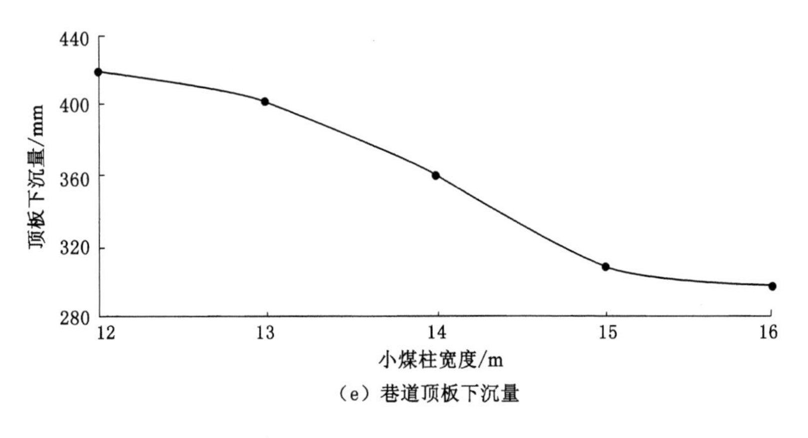

(e) 巷道顶板下沉量

图 4-45(续)

由图 4-45(a)(b)可见,煤柱宽度在 12～15 m 时,随着煤柱宽度的增加,煤柱内垂直应力随之降低,当煤柱宽度较小时,煤柱受顶板支承压力作用,且支承面积较小,应力值较大;在 15～16 m 时,当煤柱宽度继续增加时,煤柱内垂直应力虽然继续降低,但是降低速度较慢,因此不建议在 16 m 留设煤柱。

虽然 15 m 煤柱内垂直应力不是最小的,但是与 16 m 煤柱相差不到 1%,可以视为相同;同时 15 m 煤柱相比 16 m 煤柱,煤柱宽度较为合理,节约煤炭资源,因此选择煤柱宽度为 15 m。

(2) 由图 4-45(c)(d)可见,当煤柱宽度为 12 m 时,巷道变形量最大,此时煤柱帮侧表面位移量为 676 mm,实体煤侧位移量为 271 mm,顶板下沉量为 419 mm,巷道收缩量较大;当煤柱宽度为 16 m 时,巷道变形量最小,此时煤柱帮侧表面位移量为 297 mm，实体煤侧位移量为 211 mm，顶板下沉量为 297 mm，巷道变形量较小。

当煤柱宽度大于 15 m 后，变形趋于平稳，此后随着煤柱宽度增加，围岩变形量继续减小但变化不明显。

煤柱宽度由 12 m 变为 15 m 时，巷道煤柱帮变形量由 676 mm 减少到 314 mm，下降了 54%；煤柱宽度变为 16 m 时，巷道煤柱帮变形量减少到 297 mm，比 12 m 时下降了 56%，但相比 15 m 时变化不明显，因此选择煤柱宽度为 15 m。

(3) 当煤柱宽度为 12 m 时，煤柱内出现非塑性区，宽度为 4 m；当煤柱宽度为 16 m 时，塑性区宽度为 9 m。考虑到采空区之间漏风的问题，煤柱内应当有仍处于弹性状态下的非塑性体煤。

从掘进期间的情况来看，考虑到防漏风问题，煤柱宽度至少为 12 m。

4.3.6.3 回采期间工作面处围岩稳定性

巷道回采期间煤柱应力及巷道变形情况见表 4-4 和图 4-46。

表 4-4 工作面处围岩稳定性情况

煤柱宽度/m	垂直应力/MPa	垂直应力系数	煤柱帮位移量/mm	实体煤帮位移量/mm	顶板下沉量/mm	非塑性区宽度/m
12	56.1	4.13	1 513	581	1 127	0
13	50.8	3.74	1 337	546	1 008	3
14	46.6	3.43	1 006	500	896	6
15	44.9	3.30	845	449	784	7
16	44.5	3.27	821	441	750	8

(1) 如表 4-4 所列，煤柱内最小垂直应力为 44.5 MPa、垂直应力系数为 3.27，此时煤柱宽度为 16 m；煤柱内最大垂直应力为 56.1 MPa、垂直应力系数为 4.13，此时煤柱宽度为 12 m。

由图 4-46(a)(b)可见，在煤柱宽度为 12～15 m 时，随着煤柱宽度的增加，煤柱内垂直应力随之降低，当煤柱宽度较小时，煤柱受顶板支承压力作用，且支承面积较小，应力值较大；煤柱宽度为在 15～16 m 时，当煤柱宽度继续增加时，煤柱内垂直应力虽然继续降低，但是降低速度较慢，因此不建议在 16 m 留设煤柱。

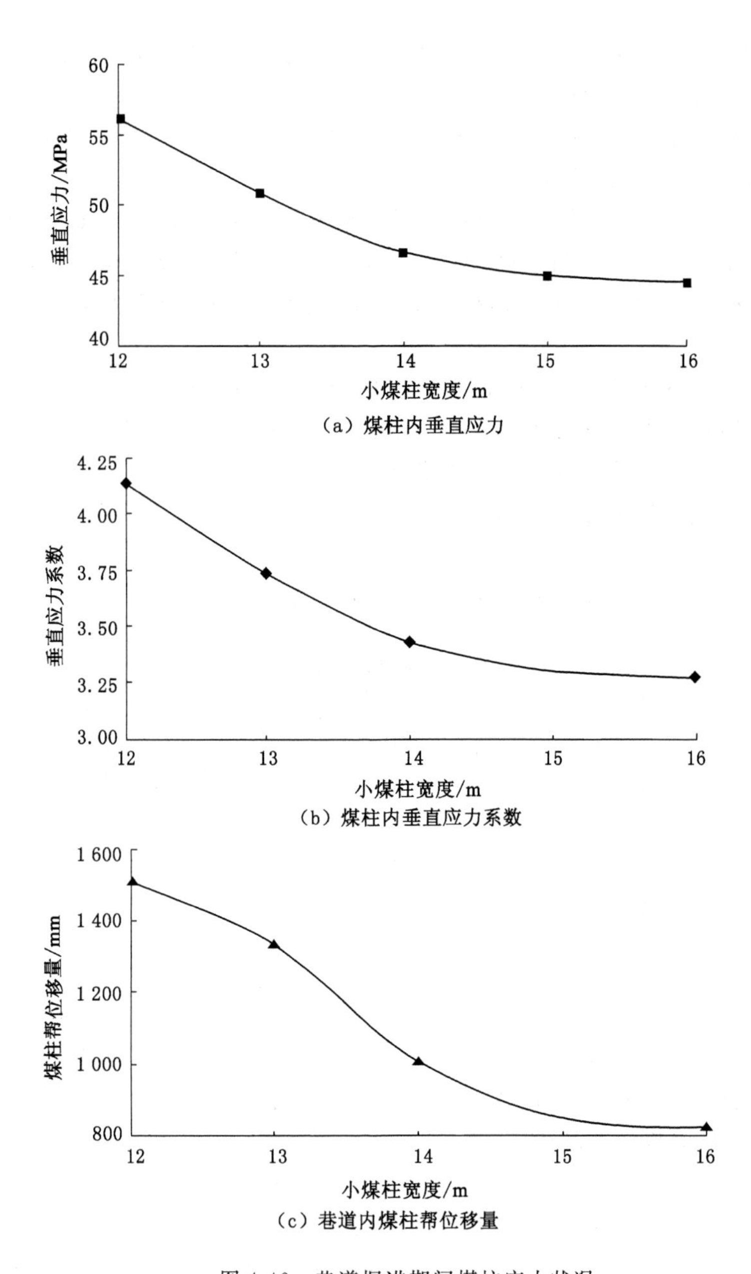

（a）煤柱内垂直应力

（b）煤柱内垂直应力系数

（c）巷道内煤柱帮位移量

图 4-46　巷道掘进期间煤柱应力状况

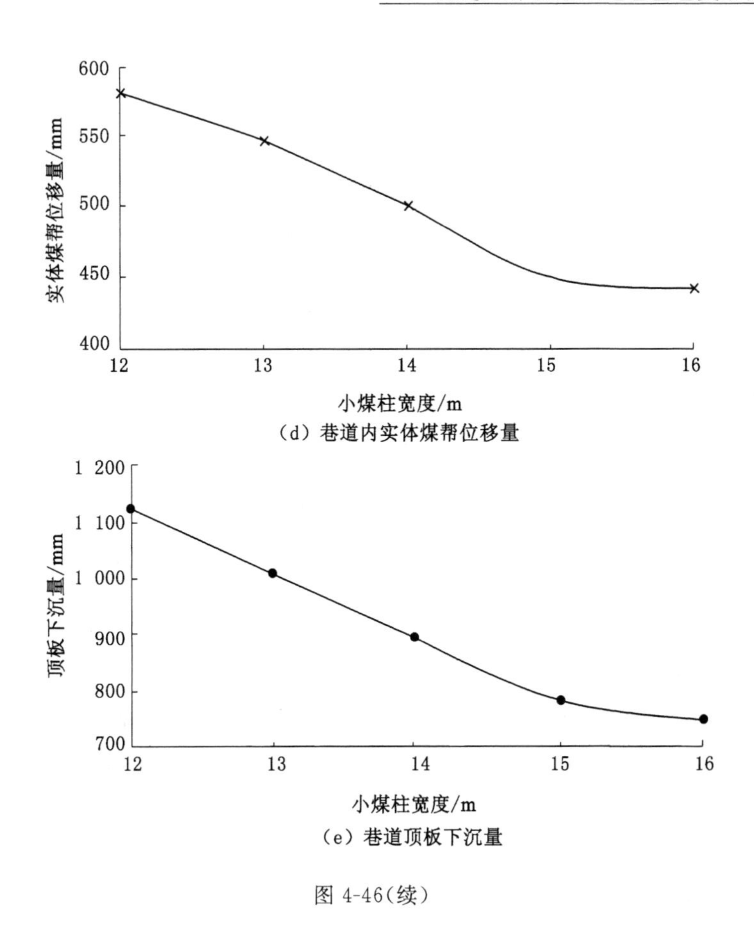

(d) 巷道内实体煤帮位移量

(e) 巷道顶板下沉量

图 4-46(续)

虽然 15 m 煤柱内垂直应力不是最小的,但是与 16 m 煤柱相差不到 1%,可以视为相同;同时 15 m 煤柱相比 16 m 煤柱,煤柱宽度较为合理,节约煤炭资源,因此选择煤柱宽度为 15 m。

(2) 由图 4-46(c)(d)可见,当煤柱宽度为 12 m 时,巷道变形量最大,此时煤柱帮侧表面位移量为 1 513 mm,实体煤侧位移量为 581 mm,顶板下沉量为 1 127 mm,巷道收缩量较大;当煤柱宽度为 16 m 时,巷道变形量最小,此时煤柱帮侧表面位移量为 821 mm,实体煤侧位移量为 441 mm,顶板下沉量为 750 mm,巷道变形量较小。

当煤柱宽度大于 15 m 后,变形趋于平稳,此后随着煤柱宽度增加,围岩变形量继续减小但变化不明显。

煤柱宽度由 12 m 变为 15 m 时,巷道煤柱帮变形量由 1 513 mm 减少到

845 mm，下降了 44%；煤柱宽度变为 16 m 时，巷道煤柱帮变形量减少到 821 mm，相比 12 m 时下降了 46%，但相比 15 m 时变化不明显，因此选择煤柱宽度为 15 m。

（3）当煤柱宽度为 13 m 时，煤柱内出现非塑性区，宽度为 3 m；当煤柱宽度为 16 m 时，非塑形区宽度为 8 m。考虑到采空区之间漏风的问题，煤柱内应当有仍处于弹性状态下的非塑性体煤，因此煤柱宽度至少为 13 m。而在煤柱宽度 15 m 及 16 m 情况下，煤柱内应力及巷道变形量相差不大，因此选择煤柱宽度为 15 m。

4.3.6.4 回采期间工作面后方 40 m 煤柱稳定性

工作面后方 40 m 煤柱应力及巷道变形情况见表 4-5 和图 4-47。

表 4-5 工作面后方 40 m 处围岩稳定性情况

煤柱宽度/m	垂直应力/MPa	垂直应力系数	煤柱左帮位移/mm	煤柱右帮位移/mm	煤柱下缩量/mm	非塑性区宽度/m
12	58.9	4.33	1 521	1 687	1 462	0
13	55.7	4.10	1 346	1 517	1 129	0
14	52.3	3.85	1 191	1 380	806	0
15	49.4	3.63	1 077	1 250	697	4
16	48.8	3.59	1 064	1 194	683	6

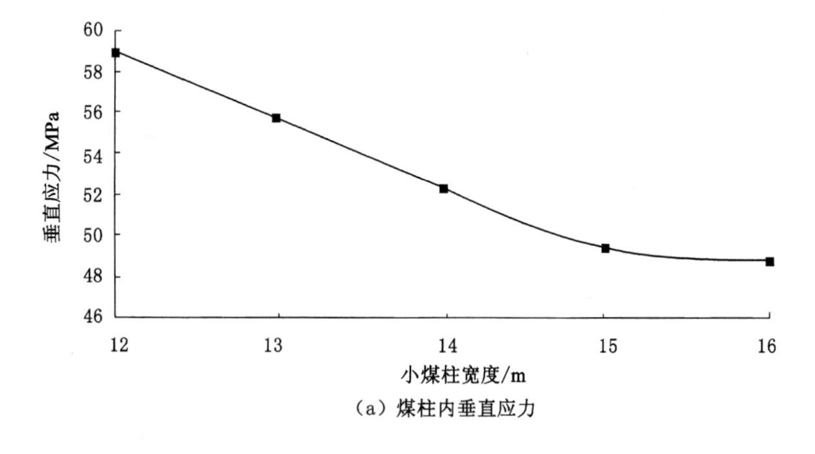

（a）煤柱内垂直应力

图 4-47 巷道掘进期间煤柱应力状况

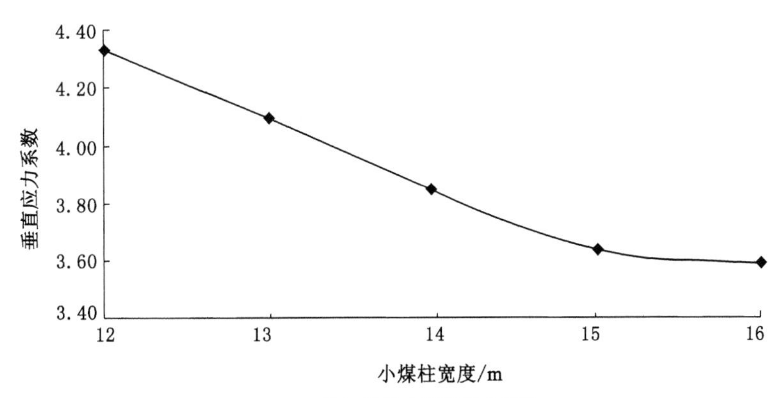

（b）煤柱内垂直应力系数

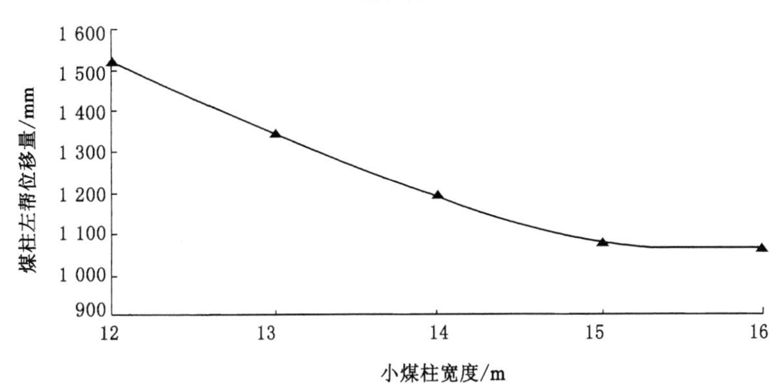

（c）巷道内煤柱左帮位移量

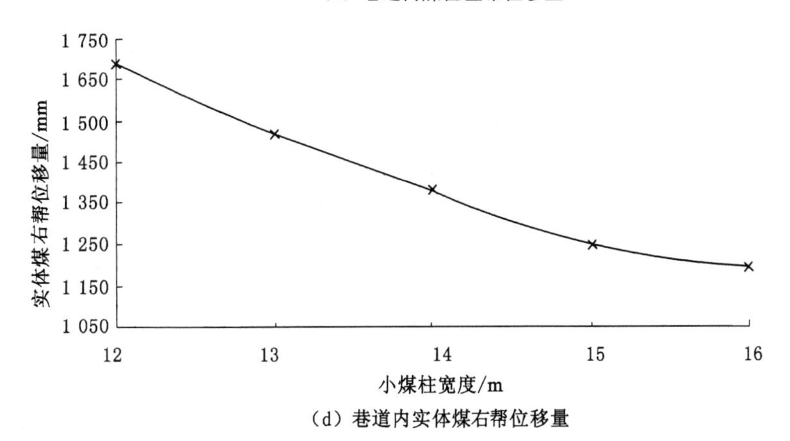

（d）巷道内实体煤右帮位移量

图 4-47(续)

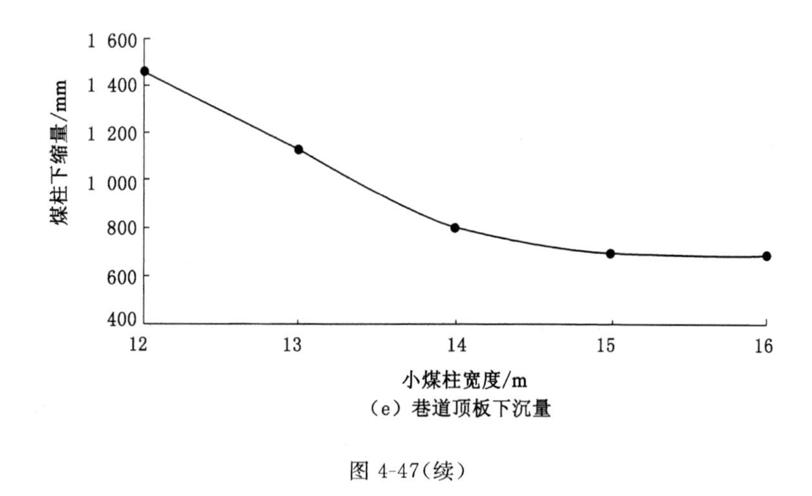

(e) 巷道顶板下沉量

图 4-47(续)

(1) 如表 4-5 所列,煤柱内最小垂直应力为 48.8 MPa、垂直应力系数为 3.59,此时煤柱宽度为 16 m;煤柱内最大垂直应力为 58.9 MPa,垂直应力系数为 4.33,此时煤柱宽度为 12 m。

由图 4-47 可见,当煤柱宽度增加时,煤柱承载面积增加,内部应力下降。

煤柱宽度由 12 m 变为 15 m 时,巷道煤柱内垂直应力由 58.9 MPa 减少到 49.4 MPa,下降了 16%;煤柱宽度 16 m 时,巷道煤柱内垂直应力减少到 48.8 MPa,相比 12 m 时下降了 17%,相比 15 m 变化不明显,选择煤柱宽度为 15 m。

(2) 由图 4-47(c)(d)可见,当煤柱宽度为 12 m 时,煤柱变形量最大,此时煤柱左帮表面位移量为 1 521 mm,煤柱右帮位移量为 1 687 mm,顶板下沉量为 1 462 mm,煤柱变形量很大;当煤柱宽度为 16 m 时,巷道变形量最小,煤柱左帮表面位移量为 1 064 mm,煤柱右帮位移量为 1 194 mm,顶板下沉量为 683 mm,巷道煤柱变形量减小。

煤柱宽度由 12 m 变为 15 m 时,煤柱变形量由 3 208 mm 减少到 2 327 mm,下降了 27%;煤柱宽度变为 16 m 时,煤柱变形量减少到 2 258 mm,相比 12 m 时下降了 30%,但相比 15 m 变化不明显,因此选择煤柱宽度为 15 m。

(3) 当煤柱宽度为 15 m 时,煤柱内出现非塑性区,宽度为 4 m;当煤柱宽度为 16 m 时,塑性区宽度为 6 m。考虑到采空区之间漏风的问题,煤柱内应当有仍处于弹性状态下的非塑性体煤,因此煤柱宽度至少为 15 m。而在煤柱宽度 15 m 及 16 m 情况下，煤柱内应力及巷道变形量相差不大，同时 4 m的煤柱能够满足采空区之间的防火防漏风问题，16 m 的煤柱会浪费较多的煤炭资源，因此选择煤柱宽度为 15 m。

4.3.7 回风顺槽煤柱宽度数值模拟分析

由于顺槽断面尺寸差异，运输顺槽自身的围岩稳定性及对煤柱的影响均比回风顺槽大，但影响程度及范围有限甚至很小，因此，回风顺槽煤柱宽度数值模拟结果与运输顺槽基本相同，即煤柱宽度选择 15 m。

4.4 本章小结

本章将巷道掘进期间、工作面和采空区后方 40 m 处煤柱状态作为对比依据，分别对比煤柱宽度为 12 m、13 m、14 m、15 m 及 16 m 时煤柱内的应力、变形和塑性区分布状况进行了数值模拟计算分析。结果表明：当煤柱宽度为 15 m 时，4204 孤岛工作面和 4206 孤岛工作面产生的应力集中点基本分开，两个应力集中相互影响较小，煤柱内的应力值基本降到最低，煤柱内存在 4 m 的弹性区，具有较好的防火防瓦斯能力；煤柱宽度在 12～15 m 时，随着煤柱宽度的增加，煤柱内垂直应力随之降低；当煤柱宽度为 15 m 时，巷道变形趋于平稳，此后随着煤柱宽度增加，围岩变形量继续减小但变化不明显。通过以上分析，确定 4206 孤岛工作面两顺槽留设煤柱建议宽度均为 15 m。

5　孤岛工作面沿空掘巷围岩变形控制及实践

综放沿空掘巷的围岩变形规律与其他回采巷道明显不同，深井综放面沿空掘巷时，由于地应力增加，导致围岩岩性恶化，围岩塑性区和破碎区范围变大，在采动支承应力作用下，塑性区和破碎区更大。由于巷道掘出后在围岩内形成破碎区，此时，煤柱两侧均存在破碎区，承载能力较小，而本区段工作面采放时，形成超前支承压力，在超前支承压力的作用下煤柱进一步压缩破碎，使顶板再一次发生断裂，巷道压力及变形量急剧增加，围岩破坏严重。可以说，深井开采首要的、关键的技术是巷道围岩控制。

5.1　沿空掘巷支护方案设计

5.1.1　运输及回风顺槽顶板支护参数计算

4206 孤岛煤柱宽为 245～248 m，根据理论与数值模拟计算结果，4206 孤岛工作面两顺槽煤柱留设宽度均选择 15 m。借鉴 4204 孤岛工作面顺槽参数，运输顺槽选择弧形断面，断面尺寸为 5 600 mm（宽）×4 400 mm（中高），回风顺槽选择弧形断面，断面尺寸为 5 000 mm（宽）×4 400 mm（中高），因此，工作面面长 204～207 m。

生产实践证明，孤岛工作面矿压显现剧烈，尤其两顺槽底鼓明显。对于底鼓问题，一般采取起底措施。但如果底板为岩层，起底会较困难且耗时耗力，直接影响企业的经济效益。为了减小回采期间顺槽底鼓的影响，建议留少许底煤，方便起底同时也是出煤过程。但反复起底最终会导致巷道围岩失稳、帮顶垮塌、回采困难，因此还应注意顺槽底板的卸压与加固。

(1) 基于悬吊理论模型的锚杆支护参数计算

① 锚杆长度

锚杆长度通常按下式计算

$$L = L_1 + L_2 + L_3 \tag{5-1}$$

式中　L_1——锚杆外露长度，一般 L_1＝0.10～0.40 m；

L_2——锚杆有效长度，m；

L_3——锚杆锚固段长度，一般端锚时 L_3＝0.3～0.4 m。

锚杆的外露长度和锚固段长度较容易确定，关键是如何确定锚杆有效长度。有效长度的确定方法通常有两种：一是当顶板一定范围内坚固稳定岩层的位置容易确定时，有效长度应大于或等于被悬吊岩层的厚度；另一种方法是根据巷道顶板松动圈的高度来确定。松动圈高度可根据经验确定，也可采用声测法确定，或用解析法估计。在解析法中，常用普氏自然平衡拱理论来确定锚杆有效长度的大小，即锚杆有效长度等于普氏平衡拱的高度。

当岩石普氏坚固性系数 $f>3$ 时

$$L_2 = \frac{B}{2f} \tag{5-2}$$

当岩石普氏坚固性系数 $f \leqslant 2$ 时

$$L_2 = \frac{1}{f}\left[\frac{B}{2} + H\cot\left(45° + \frac{\varphi}{2}\right)\right] \tag{5-3}$$

式中　B——巷道宽度，m；

H——巷道高度，m；

φ——顶板岩层的内摩擦角，(°)。

根据式(5-3)，4206 运输顺槽的 L_2＝2.02 m，所以锚杆长度 $L \geqslant L_1 + L_2 + L_3 = 0.1 + 2.02 + 0.3 = 2.42$ (m)；4206 回风顺槽的 L_2＝1.91 m，所以锚杆长度 $L \geqslant L_1 + L_2 + L_3 = 0.1 + 1.91 + 0.3 = 2.31$ (m)。

② 锚杆杆体直径

根据杆体承载力与锚固力高强度原则确定，即

$$d = 35.52\sqrt{\frac{Q}{\sigma_t}} \tag{5-4}$$

式中　d——锚杆杆体直径，mm；

Q——锚固力，由拉拔试验确定，设计取为 150 kN；

σ_t——杆体材料抗拉强度，若锚杆材质选为左旋无纵筋螺纹钢，杆体材料屈服强度为 340 MPa，抗拉强度为 490 MPa；若锚杆材质选为玻璃钢锚杆，杆体材料抗拉强度为 500 MPa。

所以根据式(5-4)计算，螺纹钢锚杆 $d \geqslant 19.7$ mm，玻璃钢锚杆 $d \geqslant$

19.4 mm。

③ 锚杆间距、排距

锚杆间距、排距根据每根锚杆悬吊的岩石重量确定，即锚杆悬吊的岩石重量等于锚杆的锚固力。通常锚杆按等距排列，即间距、排距相等，设为 a，则有

$$a = \sqrt{\frac{Q}{K\gamma L_2}} \tag{5-5}$$

式中 K——锚杆安全系数，这里取 1.8；

γ——岩石体积力，25 kN/m^3。

所以根据式(5-5)计算，4206 运输顺槽有 $a \leqslant 1.28$ m，4206 回风顺槽有 $a \leqslant 1.32$ m。

(2) 基于组合梁模型的锚杆参数计算

组合梁理论认为，在层状岩层中，锚杆的作用是提供轴向和切向约束，阻止岩层产生离层和相对滑动，将若干薄岩层锚固成一个较厚的岩层，形成组合梁。与不锚固岩梁相比，组合梁的最大弯曲应变和应力都将大大减小，从而提高巷道顶板的稳定性。假设在平面应变条件下，组合梁上受均布载荷 q 的作用，设 $q=0.1$ MPa，按组合梁分析得出锚杆支护参数的计算方法如下。

① 锚杆长度

锚杆长度仍由式(5-1)确定，L_1、L_3 分别为锚杆外露长度和锚固长度，L_2 为锚杆有效长度。

由材料力学知识可知固定端梁跨中点下表面上最危险点的拉应力为

$$\sigma = 0.25\,\frac{qB^2}{L_2^2} \tag{5-6}$$

式中 B——巷道跨度，m。

设岩石抗拉强度为 σ_t，则顶板稳定时应满足：$K_1\sigma \leqslant \sigma_t$，即

$$L_2 \geqslant 0.5B\sqrt{\frac{K_1 q}{\sigma_t}} \tag{5-7}$$

式中 K_1——采动影响系数，一般取 2～5；

σ_t——岩石抗拉强度，取 0.54 MPa。

考虑蠕变影响，在式(5-7)引入蠕变安全系数 ξ($\xi=1.204$)。考虑顶板各岩层间摩擦作用对梁应力和弯曲的影响，引入随岩层数目变化的惯性矩折减系数 η，则锚杆有效长度表达式为

$$L_2 \geqslant 0.602B\sqrt{\frac{K_1 q}{\eta\sigma_t}} \tag{5-8}$$

当岩层数为1、2、3时，η分别等于1、0.75、0.7；岩层数不小于4时，$\eta=0.65$。从综合柱状图可以看出，直接顶只有1层，故取$\eta=1$。

根据计算，4206运输顺槽有$L_2=2.10$ m，所以锚杆的长度为$L \geqslant L_1+L_2+L_3=0.1+2.10+0.3=2.50$ (m)；4206回风顺槽有$L_2=1.90$ m，所以锚杆的长度为$L \geqslant L_1+L_2+L_3=0.1+1.90+0.3=2.30$ (m)。

② 锚杆的排距

锚杆的排距由组合梁的抗剪强度确定，设锚杆间排距相等，用a表示，则顶板抗剪安全条件为

$$a \leqslant 1.447\,2d\sqrt{\frac{L_2\tau}{K_2 qB}} \tag{5-9}$$

式中　d——锚杆杆体直径，设为20 mm；

τ——锚杆杆体材料抗剪强度，查询得469 MPa；

K_2——煤岩体物理力学参数修正系数，一般取3～6，这里取3。

根据计算，4206运输顺槽$a \leqslant 0.771$ m，4206回风顺槽$a \leqslant 0.833$ m。

5.1.2　运输顺槽和回风顺槽帮部锚杆支护参数计算

极限平衡法设计煤巷帮部锚杆支护参数依托于两个基本理论：一是弹塑性理论，二是悬吊理论。为了克服弹塑性理论的局限性，采用采动影响系数K_1和煤岩体物理力学参数修正系数K_2加以修正。

为了获得更理想的计算结果，下面采用极限平衡理论计算锚杆的合理参数。

(1) 巷道理论半径的确定

由于巷道的断面形状与尺寸对极限平衡理论计算有很大影响，所以首先需要确定巷道理论半径。

非圆形巷道圆形标准化分三步进行。

① 求当量半径

$$r_s = k_x\left(\frac{S}{\pi}\right)^{\frac{1}{2}} \tag{5-10}$$

式中　r_s——巷道当量半径，m；

S——实际巷道的断面积，m^2；

k_x——巷道断面修正系数，根据表5-1选取合适的参数。

表 5-1　巷道断面修正系数 k_x

断面形状	椭圆形	拱形	正方形	正梯形	长方形	单边斜梯
修正系数	1.05	1.10	1.15	1.20	1.20	1.25

根据计算，4206 运输顺槽 $r_s=3.04$ m，4206 回风顺槽 $r_s=2.60$ m。

② 求外接圆半径

用几何作图法作巷道的外接圆，如图 5-1 所示，该巷道的外接圆半径为 r_y。

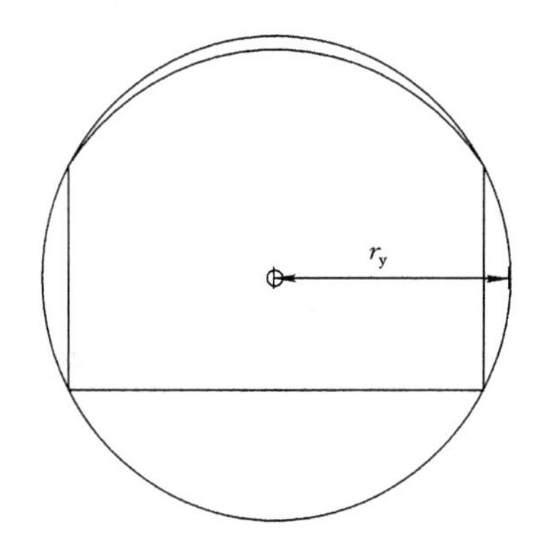

图 5-1　非圆巷道的外接圆半径

根据计算，4206 运输顺槽的外接圆半径 $r_y=3.27$ m，4206 回风顺槽的外接圆半径 $r_y=3.29$ m。

③ 求巷道理论半径

比较求得的当量半径和外接圆半径，以其小者作为巷道理论半径，即

$$a = \min(r_s, r_y) \tag{5-11}$$

因此，4206 运输顺槽的巷道理论半径取 3.04 m，4206 回风顺槽的巷道理论半径取 2.60 m。

(2) 采动影响系数 K_1 的确定

在考虑煤岩体力学参数修正系数后，当掘巷影响趋于稳定时，巷道变形将非常缓慢，且易于控制。但在巷道受到本工作面回采影响时，巷道变形速度将会增加，且随着工作面的靠近而更加剧烈。采动影响系数 K_1 即反映了这种变化的影响。

根据现有统计资料的分析，采动影响系数 K_1 合理的取值范围见表 5-2。

表 5-2 采动影响系数 K_1 取值表

项目	一般应用取值	取值范围
K_1	1.6	1.3～2.3

当测点处于采动影响范围以外(大于 60～70 m)时，按照 $K_1=1$ 考虑，此时侧向采空区距离及护巷方式对 R 及 μ 的影响体现在 K_2 里。采深较大，大于 700 m 时，用取值范围的下限；采深较小，小于 350 m 时，用取值范围的上限；大煤柱或实体煤中的巷道，在相应的取值基础上再减少 0.3。

根据上述情况，虽然 4206 回采运输顺槽的埋深为 500 m，但由于运输顺槽受前后两工作面的两次采动影响，加之其为沿空巷道，所以其采动影响系数取 2.3。

(3) 煤岩体物理力学参数修正系数 K_2 的确定

巷道极限平衡区和巷道周边位移的计算，涉及的是煤岩体物理力学参数，考虑到实验室岩块与实际煤岩体的差异，需要进行合适的参数修正。煤岩体物理力学参数的测量结果为：煤岩体的内摩擦角与煤岩块的内摩擦角相近，主要差异表现在黏结力和弹性模量。因此，在分类指标计算时，内摩擦角按实验室测量结果取值，而用修正系数 K_2 对黏结力和弹性模量进行修正。

通过已有相关统计资料分析，K_2 的统计平均情况及相应的取值范围见表 5-3。

表 5-3 煤岩体物理力学参数修正系数 K_2 取值表

项目	一般应用取值	取值范围
K_2	1/4.5	1/6～1/3

一般情况下，K_2 取平均值；煤体疏松、裂隙发育时取上限值，煤体韧性较大、完整性相对较好时取下限值；无煤柱或煤柱护巷时取上限值，有煤柱或实体煤中掘巷时取下限值。

根据上述情况，4206 孤岛工作面煤岩体物理力学参数修正系数取为：$K_2=1/3$。

(4) 极限平衡区深入围岩的深度的确定

当不考虑采动影响时，巷道周边极限平衡区半径 R' 为

$$R' = a\left[\frac{(K_1\gamma H + K_2 C \cdot \cot\varphi)(1-\sin\varphi)}{P_i + K_2 C \cdot \cot\varphi}\right]^{\lambda} \tag{5-12}$$

式中　K_1——采动影响系数，取 2.3；

γ——上覆岩层体积力，取 0.025 MN/m^3；

H——巷道埋深，取 500 m；

P_i——支护阻力，取 0.1 MPa；

a——巷道理论半径，运输顺槽为 3.04 m，回风顺槽为 2.60 m；

C——黏聚力，根据岩石力学实验得出，取 9.15 MPa；

φ——内摩擦角，取为 33°；

K_2——煤岩体物理力学参数修正系数，取 1/3。

根据式(5-12)计算可得，4206 运输顺槽的塑性半径为 4.92 m，4206 回风顺槽的塑性半径为 4.21 m。

极限平衡区深入巷道围岩深度计算公式为

$$\Delta = R' - a \tag{5-13}$$

式中　Δ——极限平衡区深入围岩的深度。

根据式(5-13)计算，4206 运输顺槽的极限平衡区深度为 1.88 m，4206 回风顺槽的极限平衡区深度为 1.61 m。

(5) 锚杆设计参数的计算

① 锚杆长度

锚杆长度按下式计算

$$L = L_1 + \Delta + L_3 \tag{5-14}$$

式中　L——锚杆长度，m；

L_1——锚杆锚固段长度，m；

Δ——极限平衡区深入围岩的深度，m；

L_3——锚杆外露长度，一般取 0.10 m。

在极限平衡理论中，锚杆锚固段通常仅按端头锚固计算，按照黏结段的黏锚力同锚杆承担的最大载荷相匹配的原则来计算确定。

锚固段内金属锚杆同锚固剂之间的锚固力与锚杆载荷之间满足

$$L_{11} = \frac{P}{\pi d_j \tau_j} \tag{5-15}$$

式中　d_j——锚杆直径，拟定为 20 mm；

τ_j——黏结剂同金属锚杆之间的黏结强度，取 8 MPa；

P——锚杆荷载，取 150 kN；

L_{11}——按破坏面发生在金属锚杆表面处要求的锚固段长度，mm。

根据计算可得，$L_{11}=298.4$ mm。

同理，锚固段内黏结剂同钻孔岩壁之间总的黏结力与锚杆载荷之间应满足

$$L_{12}=\frac{P}{\pi d_y \tau_y} \tag{5-16}$$

式中 d_y——钻孔直径，取 28 mm；

τ_y——黏结剂同钻孔岩壁之间的黏结强度，取 5 MPa；

P——锚杆荷载，取 150 kN；

L_{12}——按破坏面发生在钻孔岩壁处要求的锚固段长度，mm。

根据计算可得，$L_{12}=341$ mm。

实际选用的锚固段长度应为 L_{11} 和 L_{12} 之中的尺寸较大者，并考虑一定的搅拌不均匀系数 K_j（此处取 1.5），即

$$L_1 = K_j \cdot \max\{L_{11}, L_{12}\} \tag{5-17}$$

根据计算可得，$L_1=511.8$ mm。

根据以上结果，4206 运输顺槽锚杆长度应为 $L \geqslant 0.51+1.88+0.10=2.49$ (m)；4206 回风顺槽锚杆长度应为 $L \geqslant 0.51+1.61+0.10=2.22$ (m)。

一般两巷采用同样规格的支护材料，锚杆建议选择 2.50 m 的螺纹钢锚杆。

② 锚杆直径 D 的确定

锚杆的间排距与单根锚杆的最大承载能力成反比关系。在计算锚杆直径时，按照最大承载能力设定每根锚杆所维护的面积 S，在 S 确定的情况下，需要支护加固的最大载荷密度为

$$q_d = n(R'-h)\gamma \tag{5-18}$$

式中 γ——极限平衡区煤或岩石的容重，取 0.025 MN/m^3；

n——荷载备用系数，取 1.8；

h——巷道半高，m；

R'——极限平衡区半径，m。

将 4206 运输顺槽的数据代入式(5-18)，可得 4206 运输顺槽所需支护的最大载荷密度为 $q_d=0.143$ MPa。

将 4206 回风顺槽的数据代入式(5-18)，可得 4206 回风顺槽所需支护的最大载荷密度为 $q_d=0.142$ MPa。

根据单根锚杆的支护面积 S 及荷载集度，可以计算出每根锚杆所承担的载荷，从而可以确定出需要的锚杆直径，计算公式为

$$D = \left(\frac{4Sq_{\mathrm{d}}}{\pi[\sigma]}\right)^{1/2} \tag{5-19}$$

式中 D——锚杆直径,mm;

$[\sigma]$——杆体材料的许用强度,螺纹钢锚杆取 490 MPa,玻璃钢锚杆取 500 MPa;

S——锚杆的维护面积,取 0.64 m^2。

根据式(5-19)计算,4206 运输顺槽选择锚杆直径 $D \geqslant 19.2$ mm,4206 回风顺槽选择锚杆直径 $D \geqslant 18.5$ mm。

③ 锚杆间排距的确定

锚杆锚固的岩石重量等于锚杆的锚固力。通常锚杆按等距排列,即间距、排距相等,设为 a,则有

$$a = \sqrt{\frac{Q}{K\gamma\Delta}} \tag{5-20}$$

式中 Q——锚固力,由拉拔试验确定,设计取为 150 kN;

K——锚杆安全系数,一般取 $K=2\sim3$,考虑到 4206 工作面为孤岛工作面,帮部变形严重,影响巷道正常使用,这里取为 6;

γ——岩石体积力,取 25 kN/m^3。

根据式(5-20)计算,4206 运输顺槽要求 $a \leqslant 0.757$ m,4206 回风顺槽要求 $a \leqslant 0.788$ m。

暂定选择帮部锚杆间距为 800 mm,排距为 700 mm。

④ 锚杆 T 形钢带

顶板及帮部锚杆与 T 形钢带配合使用,规格为 T140,厚度为 8 mm。

5.1.3 锚索设计参数的计算

5.1.3.1 顶板锚索参数计算

(1) 锚索长度的确定

$$X = X_1 + X_2 + X_3 \tag{5-21}$$

式中 X_1——锚索外露长度,0.3~0.4 m;

X_2——锚索的有效锚固长度,m;

X_3——锚索的锚固长度,m。

首先计算锚索的有效锚固长度,对于稳定性较好的或不受采动影响的顶板 $X_2=B$,对于稳定性较差或受采动影响的顶板 $X_2=1.37B$,其中 B 为巷道宽度。

因此,对于 4206 运输顺槽,取 $X_2=1.37B=7.94$ (m);对于 4206 回风

顺槽，取 $X_2=1.37B=7.12$ (m)。

而锚索锚固长度的计算，按破坏面发生在锚索与锚固剂接触面处要求的锚固段长度

$$X_{31}=\frac{P}{\pi d_j \tau_j} \tag{5-22}$$

式中 d_j——锚索直径，拟定为 21.8 mm；

τ_j——黏结剂同金属锚杆之间的黏结强度，取 8 MPa；

P——锚索荷载，取 510 kN；

X_{31}——按破坏面发生在锚固剂与金属锚杆接触面处要求的锚固段长度，mm。

则根据式(5-22)计算可得，$X_{31}=931.3$ mm。

同理，按破坏面发生在钻孔岩壁与锚固剂接触面处要求的锚固段长度

$$X_{32}=\frac{P}{\pi d_y \tau_y} \tag{5-23}$$

式中 d_y——钻孔直径，拟定为 28 mm；

τ_y——黏结剂同钻孔岩壁之间的黏结强度，取 5.0 MPa；

P——锚索荷载，取 510 kN；

X_{32}——按破坏面发生在金属锚索表面处要求的锚固段长度，mm。

则根据式(5-23)计算可得，$X_{32}=1\ 160.1$ mm。

实际选用的锚固段长度应为 X_{31} 和 X_{32} 之中的尺寸较大者，即

$$X_3=\max\{X_{31},X_{32}\} \tag{5-24}$$

根据式(5-24)计算可得，$X_3=1\ 160.1$ mm。

根据式(5-21)计算，4206 运输顺槽有 $X=0.4+7.94+1.16=9.50$ (m)，4206 回风顺槽有 $X=0.4+7.12+1.16=8.68$ (m)。

(2) 锚索支护密度 N

$$N=\frac{K\gamma BH}{Q} \tag{5-25}$$

式中 K——安全系数，取 1～3；

γ——煤岩体积力，取 25 kN/m^3；

H——巷道松动破碎区高度，m；

Q——锚索的最低破断力，按照锚索最大抗拉强度的 80% 计算，取 408 kN。

将数据代入式(5-25)，计算得出 4206 运输顺槽 $N=5.31$，4206 回风顺

槽 $N=4.02$。

(3) 锚索排距 M

$$M = \frac{n}{N} \tag{5-26}$$

式中 n——每排锚索确定的根数,取 $n=4$。

根据式(5-26)计算得出,4206 运输顺槽 $M=0.75$ m,4206 回风顺槽 $M=0.99$ m。

(4) 锚索间距 M'

$$M' = \frac{0.85B}{n-1} \tag{5-27}$$

根据式(5-27)计算得出,4206 运输顺槽 $M'=1.64$ m,4206 回风顺槽 $M'=1.47$ m。

(5) 锚索预紧力

$$P = kG \tag{5-28}$$

式中 k——预紧系数,取 0.4～0.7;

G——锚索拉断载荷,取 510 kN。

根据式(5-28)计算得出,$P \geqslant 204$ kN(210 kN)。

5.1.3.2 帮部锚索参数计算

(1) 锚索长度的确定

$$X = X_1 + X_2 + X_3 \tag{5-29}$$

式中 X_1——锚索外露长度,0.3～0.4 m;

X_2——锚索的有效锚固长度,m;

X_3——锚索的锚固长度,m。

首先计算锚索的有效锚固长度,对于稳定性较好的或不受采动影响的煤帮 $X_2=B$。根据数值模拟计算发现,煤柱在巷道帮的塑性区宽度约为 4.6 m。

对于 4206 运输、回风顺槽来说,取 $X_2=B=5$ m。

而锚索锚固长度的计算,按破坏面发生在锚索与锚固剂接触面处要求的锚固段长度:

$$X_{31} = \frac{P}{\pi d_j \tau_j} \tag{5-30}$$

式中 d_j——锚索直径,拟定为 21.8 mm;

τ_j——黏结剂同金属锚杆之间的黏结强度,取 8 MPa;

P——锚索荷载,510 kN;

X_{31}——按破坏面发生在锚索与锚固剂接触面处要求的锚固段长度，mm。

则根据式(5-30)计算可得，$X_{31}=931.3$ mm。

同理，按破坏面发生在钻孔岩壁与锚固剂接触面处要求的锚固段长度：

$$X_{32}=\frac{P}{\pi d_{y}\tau_{y}} \tag{5-31}$$

式中 d_y——钻孔直径，拟定为 28 mm；

τ_y——黏结剂同钻孔岩壁之间的黏结强度，取 4.0 MPa；

P——锚索荷载，510 kN；

X_{32}——按破坏面发生在钻孔岩壁与锚固剂接触面处要求的锚固段长度，mm。

则根据式(5-31)计算可得，$X_{32}=1\ 450.2$ mm。

实际选用的锚固段长度应为 X_{31} 和 X_{32} 之中的尺寸较大者，即

$$X_{3}=\max\{X_{31},X_{32}\} \tag{5-32}$$

根据式(5-32)计算可得，$X_{3}=1\ 450.2$ mm。

根据式(5-21)，4206 运输、回风顺槽有 $X=0.4+4.6+1.45=6.45$ (m)。

(2) 锚索支护密度 N

$$N=\frac{K\gamma BH}{Q} \tag{5-33}$$

式中 K——安全系数，取 1～3；

γ——煤岩体积力，取 25 kN/m^3；

H——巷道松动破碎区厚度，m；

Q——锚索的最低破断力，按照锚索最大抗拉强度的 80%计算，取 408 kN。

将数据代入式(5-33)，计算得出 4206 运输、回风顺槽 $N=0.69$。

(3) 锚索排距 M

$$M=\frac{n}{N} \tag{5-34}$$

式中 n——每排锚索确定的根数，取 $n=1$。

根据式(5-34)计算得出，4206 运输、回风顺槽 $M=1.45$。

(4) 锚索布置方式

根据条件相似矿井的工程概况，帮部锚索采用迈步式前进的方法布置，锚索排距为 700 mm，分两行布置，且每两根锚索通过 T140/1500/8 钢带连

接。具体布置方法见工作面顺槽支护布置图。

(5) 锚索预紧力

$$P = kG \tag{5-35}$$

式中 k——预紧系数,取 0.4～0.7;

G——锚索拉断载荷,取 510 kN。

根据式(5-35)计算得出,$P \geqslant 204$ kN(210 kN)。

5.1.4 理论设计参数汇总

理论设计参数汇总见表 5-4。

表 5-4 理论计算支护方案主要参数

设备名称	相关参数	巷道名称	
		4206 运输顺槽	4206 回风顺槽
顶部锚杆	锚杆长度 L/m	≥2.50	≥2.30
	锚固长度 L_3/m	≥0.3	≥0.3
	锚杆直径 d/mm	≥19.7	≥19.7
	间排距 a/mm	≤0.771	≤0.833
帮部锚杆	锚杆长度 L/m	≥2.49	≥2.22
	锚固长度 L_1/m	>0.51	>0.51
	极限平衡区深入围岩的深度 Δ/m	1.88	1.61
	锚杆直径 D/mm	≥19.2	≥18.5
	间排距 a/m	≤0.757	≤0.788
顶锚索	锚索长度 X/m	≥9.50	≥8.68
	锚固长度 X_3/mm	≥1 160.1	≥1 160.1
	排距 M/m	≤0.75	≤0.99
	间距 M'/m	≤1.64	≤1.47
	锚索根数	每排 4 根	每排 4 根
	预紧力 P/kN	≥204	≥204
帮部锚索	锚索长度 X/m	≥6.45	≥6.45
	锚固长度 X_3/mm	≥1 450.2	≥1 450.2
	排距 M/m	≤1.45	≤1.45
	锚索根数	每排 1 根	每排 1 根
	预紧力 P/kN	≥204	≥204

5.2　沿空掘巷支护参数优化

5.2.1　4206 孤岛工作面支护效果数值模拟分析

得到上述理论支护参数后，为验证巷道采用上述支护参数设计后的巷道支护效果，采用三种方案的支护参数进行数值模拟验证，对 4206 孤岛工作面的两个顺槽的顶底板的位移、周围岩体的应力状态进行数值模拟分析，以确定最终的支护方案。

(1) 支护方案一

运输顺槽顶板采用 ϕ20 mm×2 500 mm 的左旋无纵筋螺纹钢锚杆，锚杆间排距 800 mm×800 mm，预紧力矩 300 N·m；帮部采用 ϕ20 mm×2 500 mm 的右旋无纵筋螺纹钢锚杆，锚杆间排距 800 mm×800 mm。顶板锚索采用 ϕ21.8 mm×9 600 mm 钢绞线，间排距 1 600 mm×800 mm，预紧力 210 kN；帮部锚索采用 ϕ21.8 mm×6 500 mm 钢绞线，排距 800 mm，预紧力 210 kN。

回风顺槽顶板采用 ϕ20 mm×2 500 mm 的左旋无纵筋螺纹钢锚杆，锚杆间排距 850 mm×800 mm；帮部采用 ϕ20 mm×2 500 mm 的右旋无纵筋螺纹钢锚杆，锚杆间排距 800 mm×800 mm，预紧力矩 300 N·m。顶板锚索采用 ϕ21.8 mm×9 000 mm 钢绞线，间排距 1 400 mm×800 mm，预紧力210 kN；帮部锚索采用 ϕ21.8 mm×6 500 mm 钢绞线，排距 800 mm，预紧力 210 kN。

(2) 支护方案二

运输顺槽顶板采用 ϕ20 mm×2 500 mm 的左旋无纵筋螺纹钢锚杆，锚杆间排距 800 mm×700 mm，预紧力矩 300 N·m；帮部采用 ϕ20 mm×2 500 mm 的右旋无纵筋螺纹钢锚杆，锚杆间排距 800 mm×700 mm。顶板锚索采用 ϕ21.8 mm×9 600 mm 钢绞线，间排距 1 600 mm×700 mm，预紧力 210 kN；帮部锚索采用 ϕ21.8 mm×6 500 mm 钢绞线，排距 700 mm，预紧力 210 kN。

回风顺槽顶板采用 ϕ20 mm×2 500 mm 的左旋无纵筋螺纹钢锚杆，锚杆间排距 850 mm×700 mm，预紧力矩 300 N·m；帮部采用 ϕ20 mm×2 500 mm 的右旋无纵筋螺纹钢锚杆，锚杆间排距 800 mm×700 mm，预紧力 300 N·m。顶板锚索采用 ϕ21.8 mm×9 000 mm 钢绞线，间排距 1 400 mm×700 mm，预紧力 210 kN；帮部锚索采用 ϕ21.8 mm×6 500 mm 钢绞线，排距 700 mm，预紧力 210 kN。

(3) 支护方案三

运输顺槽顶板采用 ϕ20 mm×2 500 mm 的左旋无纵筋螺纹钢锚杆，锚杆间排距 700 mm×700 mm，预紧力矩 300 N·m；帮部采用 ϕ20 mm×2 500 mm的右旋无纵筋螺纹钢锚杆，锚杆间排距 700 mm×700 mm。顶板锚索采用 ϕ21.8 mm×9 600 mm 钢绞线，间排距 1 600 mm×700 mm，预紧力 210 kN；帮部锚索采用 ϕ21.8 mm×6 500 mm 钢绞线，排距 700 mm，预紧力 210 kN。

回风顺槽顶板采用 ϕ20 mm×2 500 mm 的左旋无纵筋螺纹钢锚杆，锚杆间排距 700 mm×700 mm；帮部采用 ϕ20 mm×2 500 mm 的右旋无纵筋螺纹钢锚杆，锚杆间排距 700 mm×700 mm，预紧力矩 300 N·m。顶板锚索采用 ϕ21.8 mm×9 000 mm 钢绞线，间排距 1 400 mm×700 mm，预紧力210 kN；帮部锚索采用 ϕ21.8 mm×6 500 mm 钢绞线，排距 700 mm，预紧力 210 kN。

5.2.1.1 运输顺槽支护效果数值模拟分析

(1) 掘进期间运输顺槽支护效果模拟分析

掘进期间 4206 运输顺槽三种支护方案的数值模拟分析情况如图 5-2～图 5-5 所示。

由图 5-2 可以看出，不同的支护方案中前后巷道围岩所受垂直应力相差较大，方案一的最大垂直应力为 25.8 MPa；方案二最大垂直应力为21.4 MPa，比方案一小 4.4 MPa，少 17.1%；方案三最大垂直应力仅 20.4 MPa，比方案一小 5.4 MPa，少 20.9%。

从模拟中发现，方案一虽然采用锚杆索支护，但巷道两帮的应力依旧较大，因此不建议采用方案一；方案二和方案三对巷道支护都取得了较好的效果，明显改善了围岩应力状态，但二者的支护效果相差不大，从经济效益方面考虑，建议采用方案二。

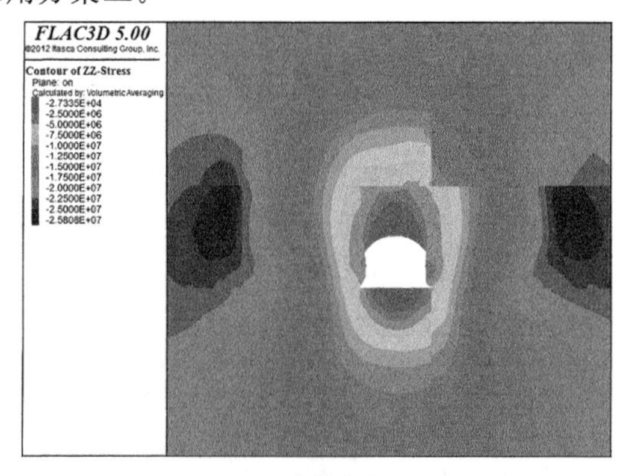

(a) 支护方案一

图 5-2 垂直应力分布图

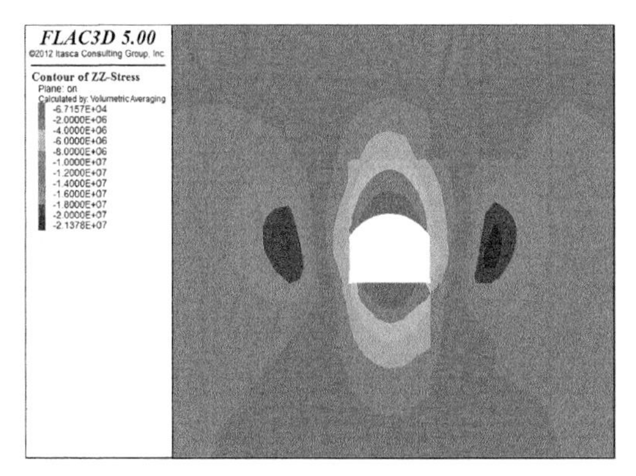

(b) 支护方案二

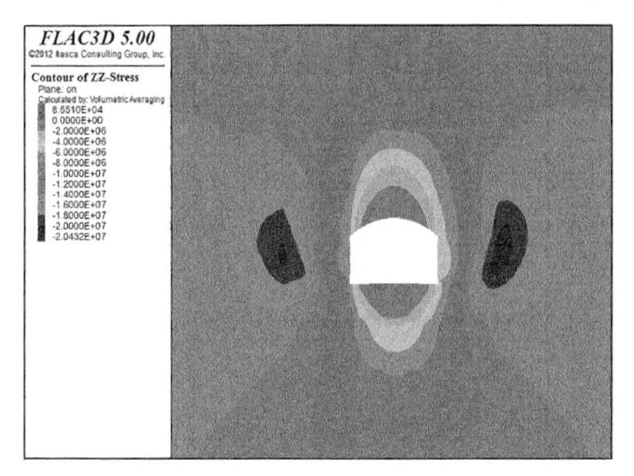

(c) 支护方案三

图 5-2(续)

由图 5-3 和图 5-4 可以看出,不同支护方案巷道掘进期间围岩的位移相差较大,方案一顶板最大垂直位移为 310.8 mm,底鼓量为 88.1 mm;方案二顶板最大垂直位移为 66.6 mm,只有方案一的 21.4%,底鼓量为 48.6 mm,为方案一的 55.2%;方案三顶板最大垂直位移仅 63.1 mm,只有方案一的 20.3%,底鼓量为 49.6 mm,为方案一的 56.3%。

从两帮位移变化来看,方案一为 330 mm;方案二为 72.3 mm,仅为方案一的 21.9%;方案三为 60.3 mm,仅为方案一的 18.3%。

方案二和方案三条件下掘进期间巷道变形量都小于 12%,可以保证井下生产作业的顺利进行,因此建议采用方案二或方案三,都能够对顶底板及两帮起到很好的维护作用。

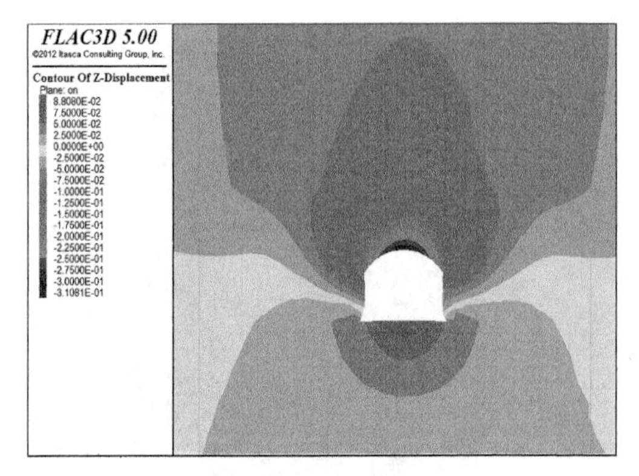

(a) 支护方案一

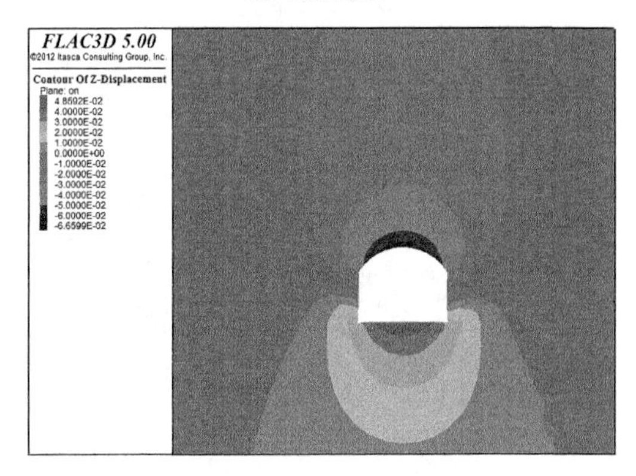

(b) 支护方案二

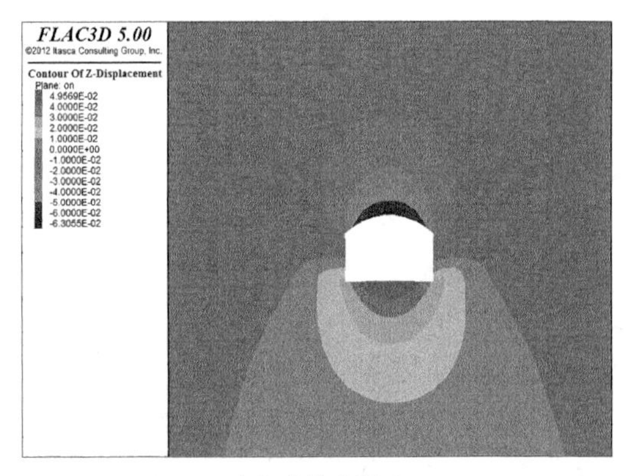

(c) 支护方案三

图 5-3　垂直位移分布图

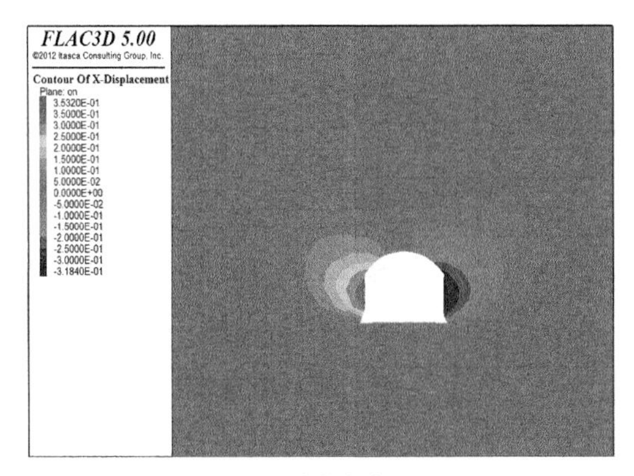

（a）支护方案一

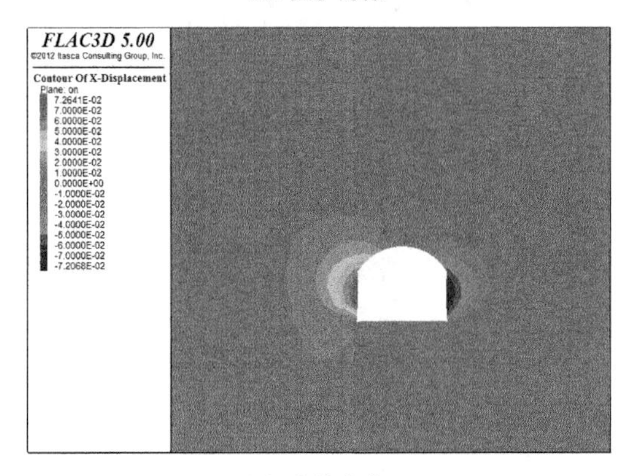

（b）支护方案二

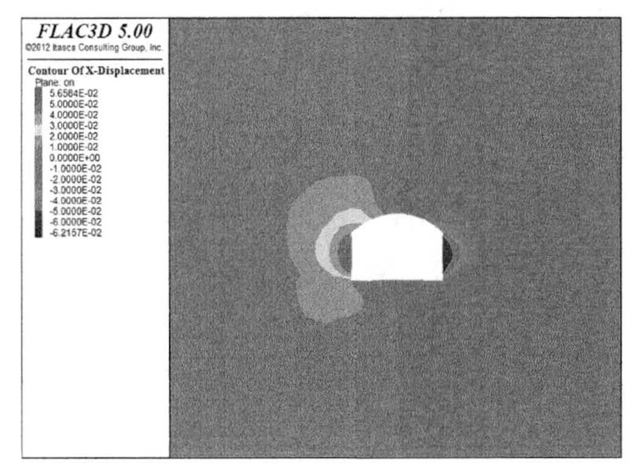

（c）支护方案三

图 5-4　水平位移分布图

从模拟中发现，方案一虽然采用锚杆索支护，但巷道顶底板及两帮的变形较大，因此不建议采用方案一；方案二和方案三都对巷道支护取得了较好的效果，明显改善了围岩变形，但二者的支护效果相差不大，从经济效益的方面考虑，建议采用方案二。

由图 5-5 可以看出，不同支护方案下巷道掘进期间围岩的塑性区相差较大，方案一在顶底板、两帮均出现较严重破坏，说明沿空掘巷对巷道的影响较大；采用方案二或方案三时，塑性区都明显缩小，仅在底板出现拉伸破坏，说明这两种支护方案对巷道顶板及两帮的支护都起到了维护作用，能大大提高巷道围岩的稳定性。

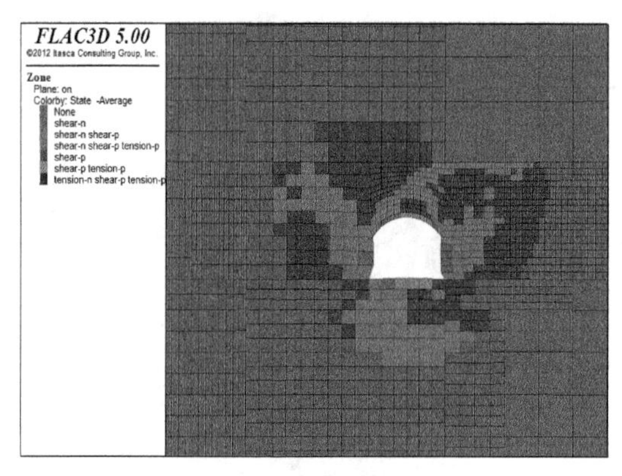

(a) 支护方案一

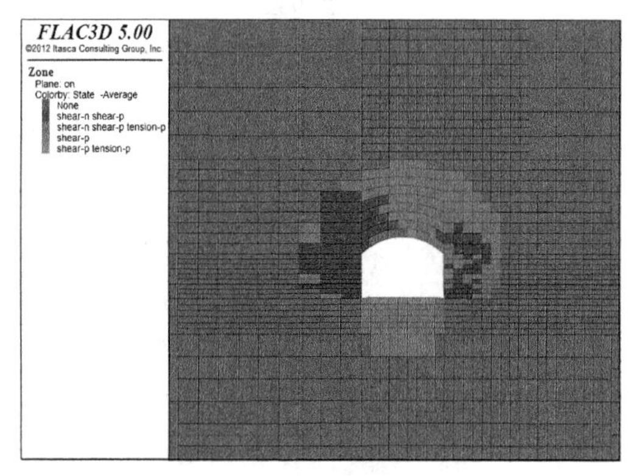

(b) 支护方案二

图 5-5 塑性区分布图

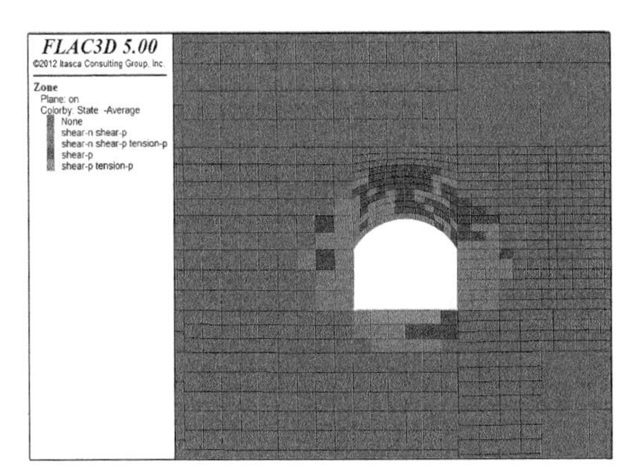

(c) 支护方案三

图 5-5(续)

对不同模拟方案的支护效果进行了对比分析，见表 5-5。

表 5-5 4206 运输顺槽掘进期间支护方案效果数值模拟情况对比

方案名称	方案一	方案二		方案三	
		较方案一下降量	下降率	较方案一下降量	下降率
最大垂直应力	25.8 MPa	4.4 MPa	17.1%	5.4 MPa	20.9%
最大顶板下沉量	310.8 mm	244.2 mm	78.6%	247.7 mm	79.7%
底鼓量	88.1 mm	39.5 mm	44.8%	38.5 mm	43.7%
两帮变形量	330 mm	257.7 mm	78.1%	269.7 mm	81.7%

由表 5-5 可以发现，采用不同的支护方案时围岩应力及围岩变形相差较大，方案一的巷道帮部应力比较集中，顶板下沉量大，底鼓较明显，两帮变形严重，说明方案一对巷道支护较为不足；方案二和方案三相比较方案一，围岩应力明显下降，围岩变形量最高下降 81.7%，说明能有效维护巷道的围岩稳定，改善应力分布，减少变形量，因此合理的支护方案应当在方案二及方案三中选取。而方案二和方案三的支护效果相差不大，但考虑经济效益方面，建议采用方案二。

(2) 回采期间运输顺槽支护效果模拟分析

4206 运输顺槽在工作面回采期间的三种支护方案数值模拟情况如图 5-6～图 5-9 所示。

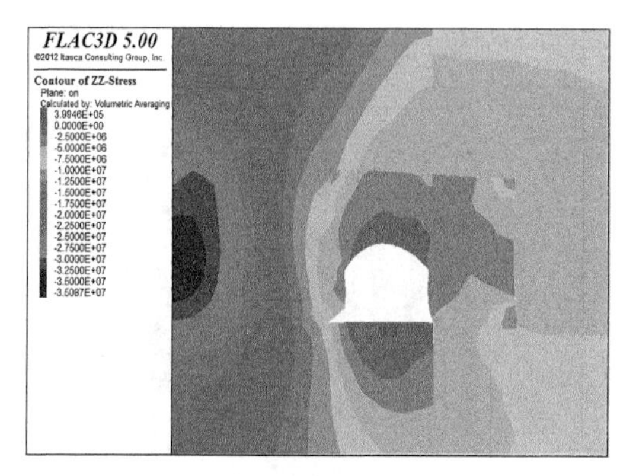

（a）支护方案一

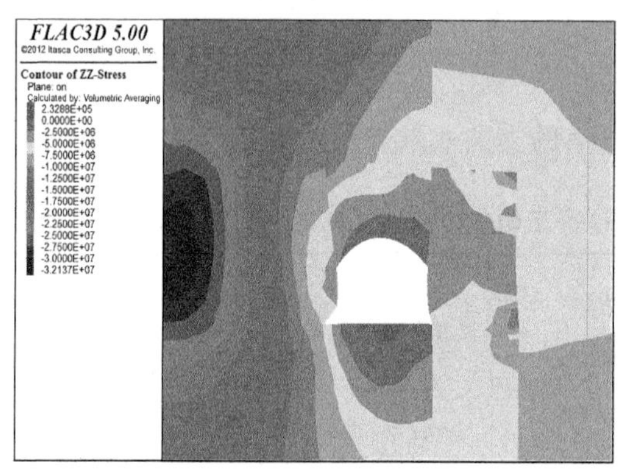

（b）支护方案二

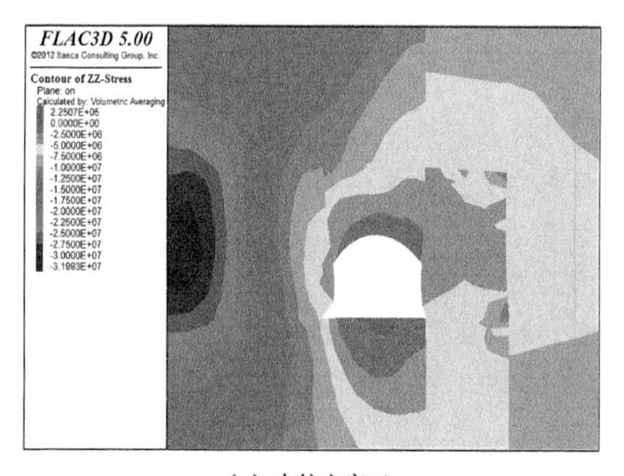

（c）支护方案三

图 5-6　垂直应力分布图

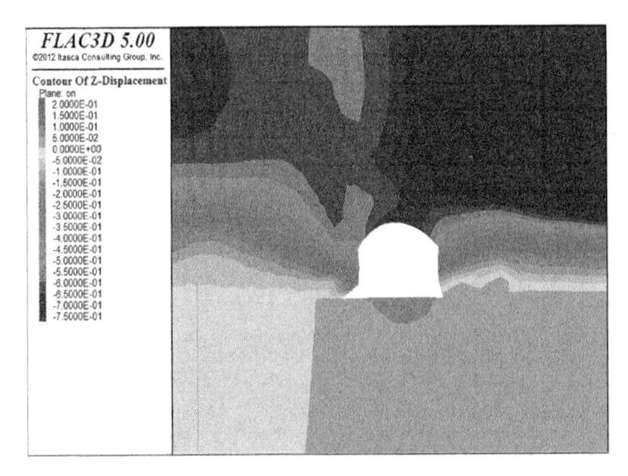

（a）支护方案一

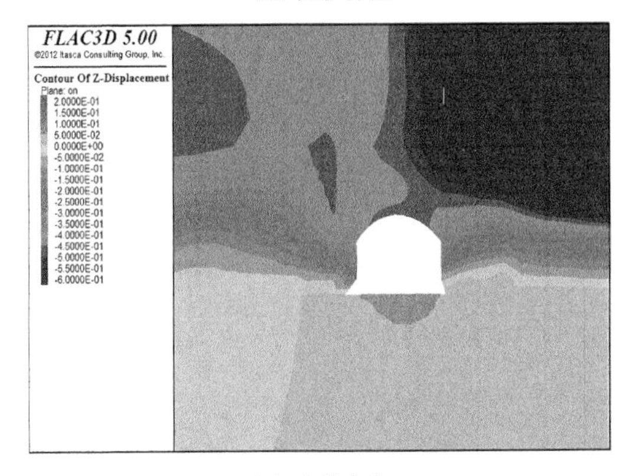

（b）支护方案二

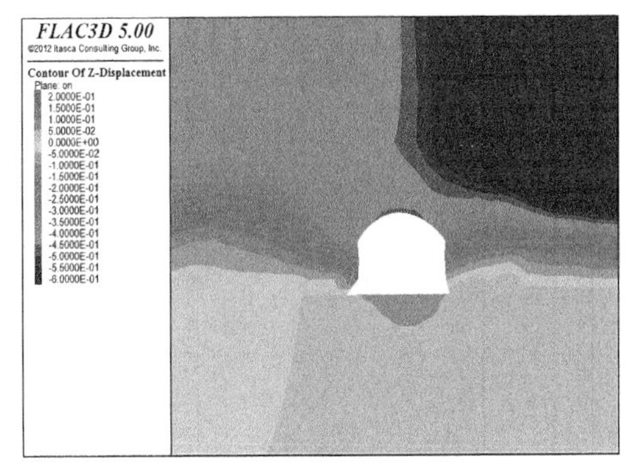

（c）支护方案三

图 5-7　垂直位移分布图

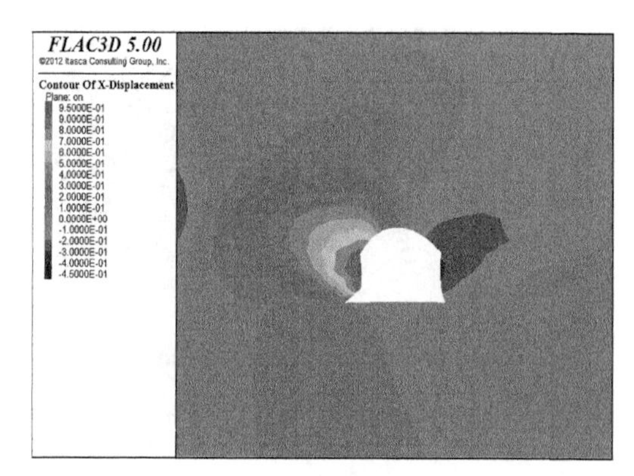

（a）支护方案一

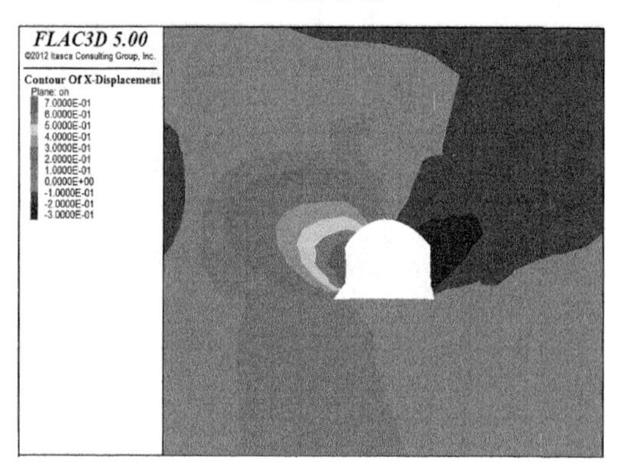

（b）支护方案二

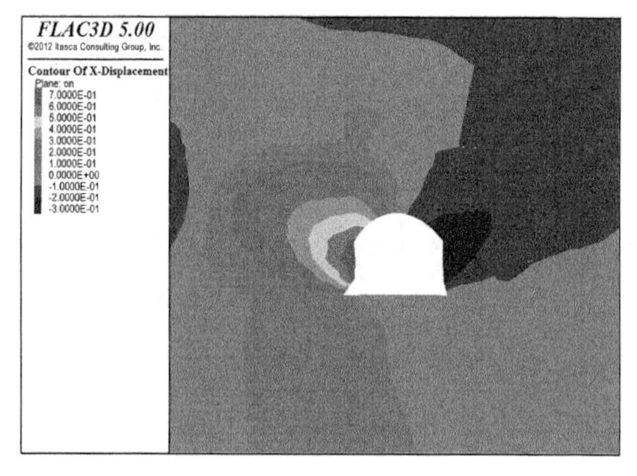

（c）支护方案三

图 5-8　水平位移分布图

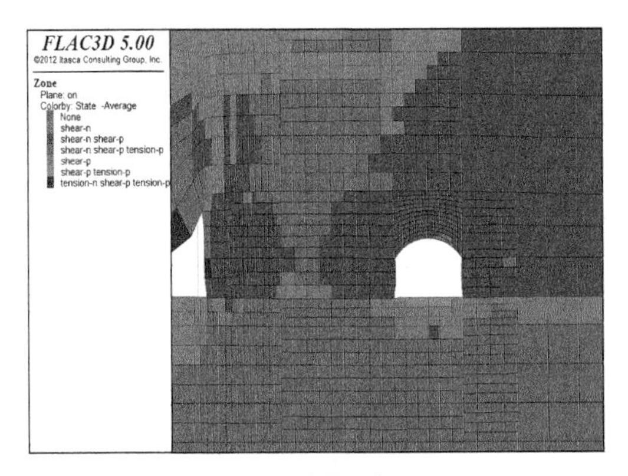

（a）支护方案一

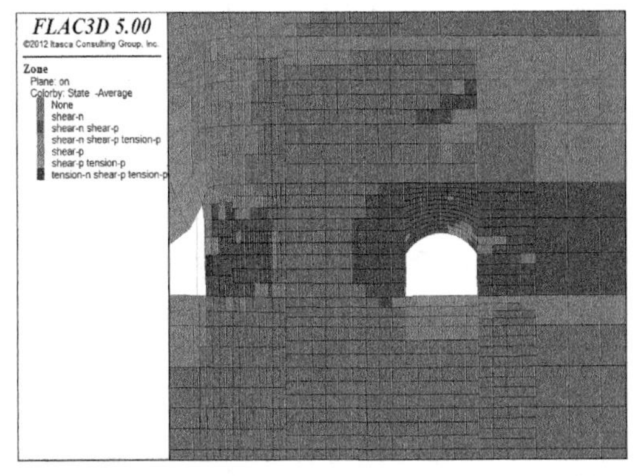

（b）支护方案二

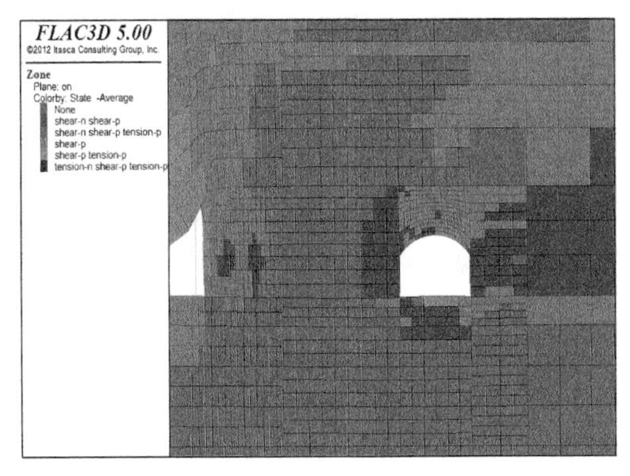

（c）支护方案三

图 5-9 塑性区分布图

由图 5-6 可以看出，不同的支护方案前后巷道围岩所受垂直应力相差较大，方案一最大垂直应力为 35.1 MPa；方案二最大垂直应力为 32.1 MPa，比方案一减小 3 MPa，下降了 8.5%；方案三最大垂直应力仅 32.0 MPa，比方案一减小 3.1 MPa，下降了 8.8%。

从模拟中发现，方案一虽然采用锚杆索支护，但煤柱内部的应力依旧较大，因此不建议采用方案一；方案二和方案三都能对巷道支护取得较好的效果，明显改善围岩应力状态，但二者的支护效果相差不大，从经济效益方面考虑，建议采用方案二。

由图 5-7 和图 5-8 可以看出，不同支护方案下巷道回采期间围岩的位移相差较大，方案一顶板最大垂直位移为 714 mm，底鼓量为 163 mm；方案二顶板最大垂直位移为 503 mm，只有方案一的 70.4%，底鼓量为 108 mm，为方案一的 66.3%；方案三顶板最大垂直位移为 476 mm，只有方案一的 66.7%，底鼓量为 96 mm，为方案一的 58.9%。

从两帮位移变化来看，方案一左帮移进量 934 mm，右帮移进量430 mm；方案二左帮移进量 713 mm，是方案一的 76.3%，右帮移进量289 mm，是方案一的 67.2%；方案三左帮移进量 667 mm，是方案一的 71.4%，右帮移进量 281 mm，是方案一的 65.3%。

方案二和方案三条件下 4206 孤岛工作面回采期间巷道变形量都小于 17%，可以保证井下生产作业的顺利进行，能够对巷道顶底板及两帮起到维护作用，因此建议巷道支护采用方案二或方案三。

从模拟中发现，方案一虽然采用锚杆索支护，但巷道顶底板及煤柱帮的变形较大，因此不建议采用方案一；方案二和方案三都能取得较好的效果，但方案二和方案三的支护效果相差不大，从经济效益的方面考虑，建议采用方案二。

由图 5-9 可以看出，不同支护方案下巷道回采期间围岩的塑性区相差较大，采用方案一时顶底板和煤柱均出现较严重破坏，说明工作面回采对巷道的影响较大，煤柱稳定性较差。而采用方案二或方案三时，塑性区明显缩小，仅在底板及煤柱内出现剪切破坏，说明这两种支护方案对巷道顶板及煤柱的支护起到了维护作用，大大提高了巷道围岩的稳定性。

不同模拟方案的支护效果对比可见表 5-6。

由表 5-6 可以发现，采用不同的支护方案时围岩应力及围岩变形相差较大，方案一中的巷道帮部应力比较集中，顶板下沉量大，底鼓较明显，帮部变形严重，说明方案一对巷道支护较为不足。方案二和方案三相比较方案一，围岩应力明显下降,围岩变形量最高下降41.1%,说明能有效维护巷道的围岩稳定,改善应力分布,减少变形量,因此合理的支护方案应当在方案二及方案三中选取。而方案二和方案三的支护效果相差不大,从经济效益的方面考虑,建议采用方案二。

表5-6 4206运输顺槽回采期间支护方案效果数值模拟情况对比

方案名称	方案一	方案二		方案三	
		较方案一下降量	下降率	较方案一下降量	下降率
最大垂直应力	35.1 MPa	3 MPa	8.5%	3.1 MPa	8.8%
最大顶板下沉量	714 mm	211 mm	29.6%	238 mm	33.3%
底鼓量	163 mm	55 mm	33.7%	67 mm	41.1%
煤柱侧变形量	934 mm	221 mm	23.7%	267 mm	28.6%
回采侧变形量	430 mm	141 mm	32.8%	149 mm	34.7%

5.2.1.2 回风顺槽支护效果数值模拟分析

(1) 掘进期间回风顺槽支护效果模拟分析

掘进期间4206回风顺槽三种支护方案的数值模拟情况如图5-10～图5-13所示。

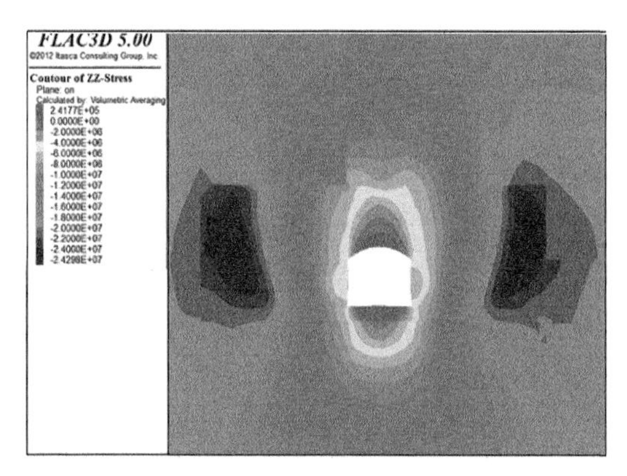

(a) 支护方案一

图5-10 垂直应力分布图

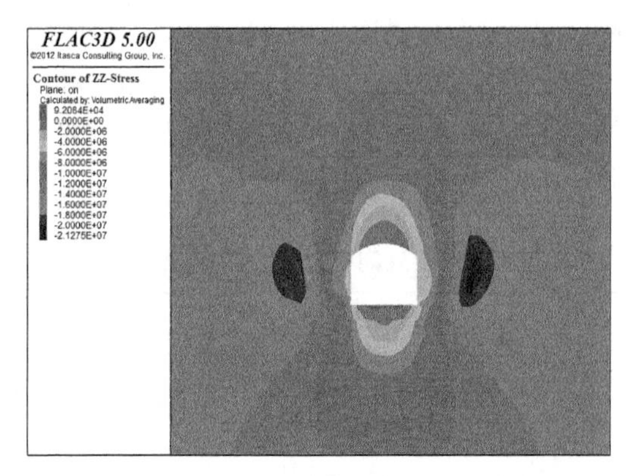

（b）支护方案二

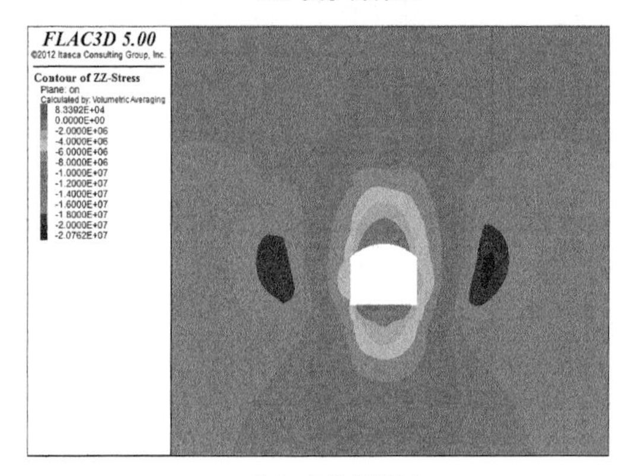

（c）支护方案三

图 5-10（续）

三种方案的垂直应力分布数值模拟图如图 5-10 所示，由图可以看出：不同的支护方案条件下巷道围岩所受垂直应力相差较大，支护方案一最大垂直应力为 24.2 MPa；支护方案二最大垂直应力为 21.3 MPa，比方案一减小 2.9 MPa，下降了 12%；支护方案三最大垂直应力仅 20.8 MPa，比方案一减小 3.4 MPa，下降了 14%。

从模拟中发现，方案一虽然采用锚杆索支护，但巷道两帮的应力依旧较大，因此不建议采用方案一；方案二和方案三对巷道支护都取得了较好的效果，明显改善了围岩应力状态，而方案二和方案三的支护效果相差不大，从经济效益的方面考虑，建议采用方案二。

由图 5-11 和图 5-12 可以看出，不同支护方案下巷道掘进期间围岩的位

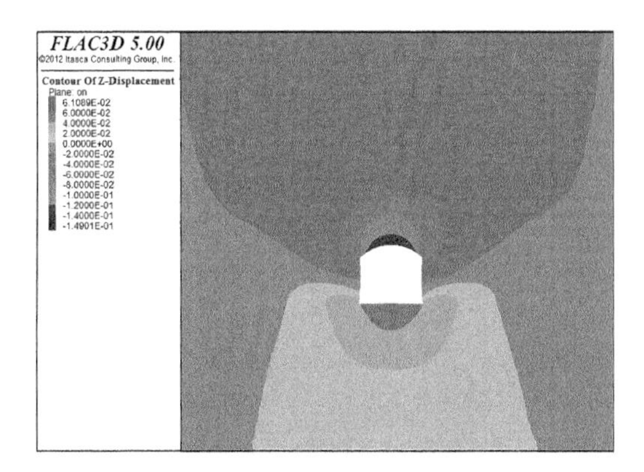

(a) 支护方案一

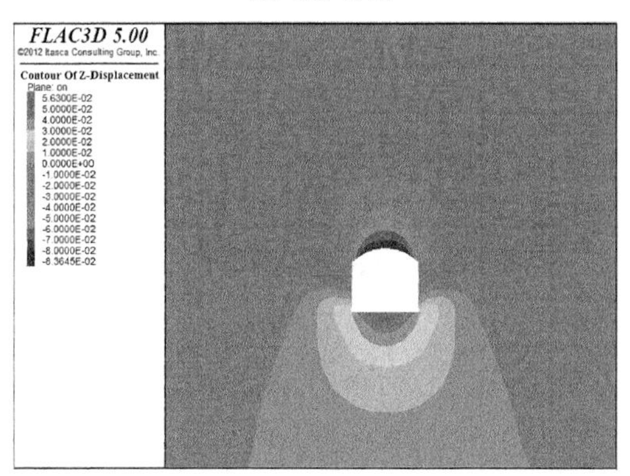

(b) 支护方案二

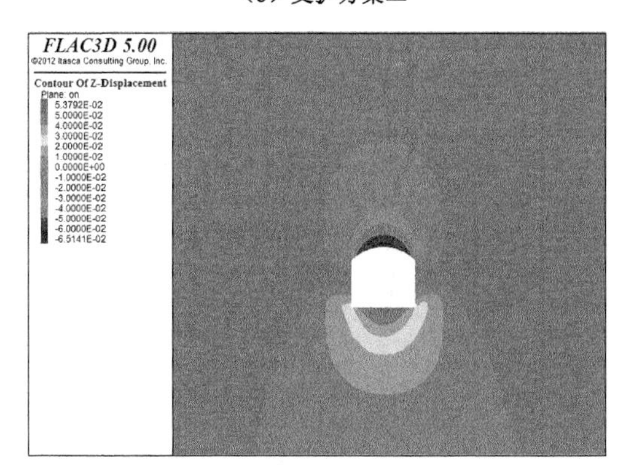

(c) 支护方案三

图 5-11　垂直位移分布图

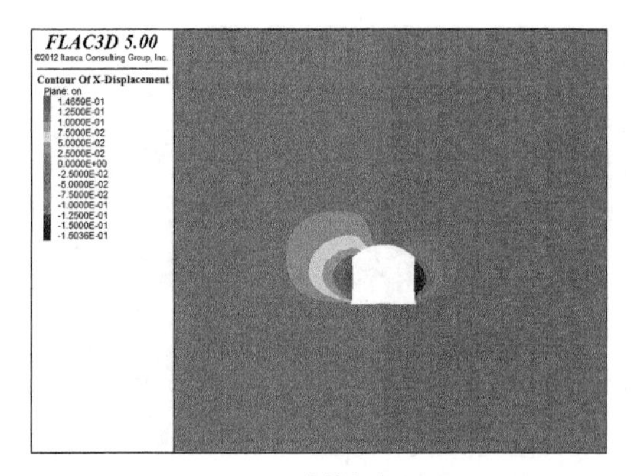

(a) 支护方案一

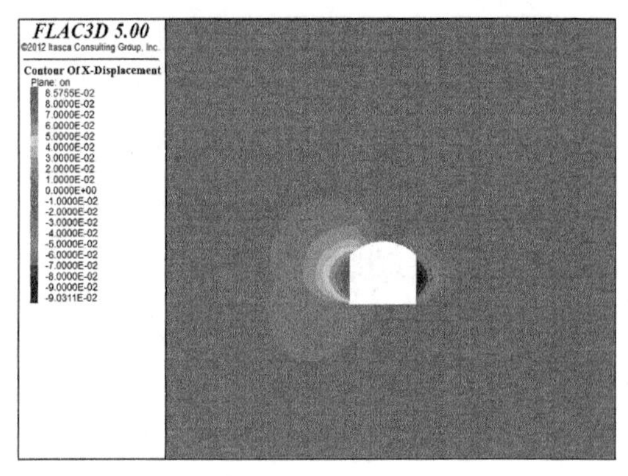

(b) 支护方案二

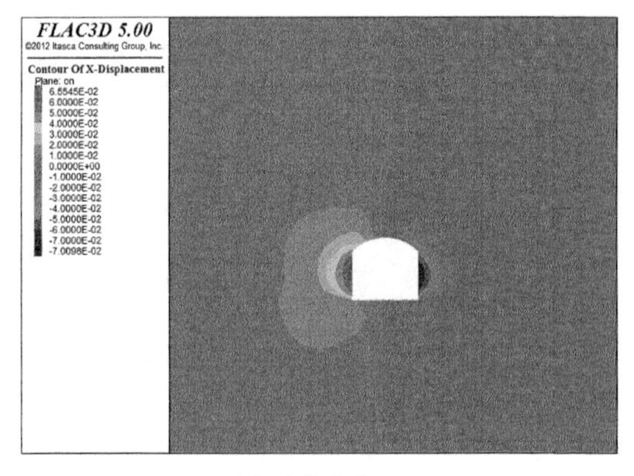

(c) 支护方案三

图 5-12　水平位移分布图

移相差较大，方案一顶板最大垂直位移为 149.1 mm，底鼓量为 61.2 mm；方案二顶板最大垂直位移为 83.6 mm，只有方案一的 56.1%，其底鼓量为 56.3 mm，为方案一的 92.0%；方案三顶板最大垂直位移仅 65.1 mm，只有方案一的 43.7%，其底鼓量为 53.8 mm，为方案一的 87.9%。

两帮位移变化方面，方案一为 147.7 mm；方案二为 85.3 mm，是方案一的 57.8%；方案三为 67.3 mm，是方案一的 45.6%。

方案二和方案三在掘进期间的巷道变形量都小于 12%，可以保证井下生产作业的顺利进行，因此建议采用方案二或方案三，它们都能够对巷道顶底板及两帮支护起到较好的维护作用。

从模拟中发现，方案一虽然采用锚杆索支护，但巷道顶底板及两帮的变形较大，因此不建议采用方案一；方案二和方案三都能对巷道支护取得较好的效果，改善围岩变形，但两种方案的效果相差不大，从经济效益的方面考虑，建议采用方案二。

由图 5-13 可以看出，不同支护方案下的巷道掘进期间围岩的塑性区相差较大，其中方案一在顶底板、两帮均出现较严重破坏，说明沿空掘巷对巷道的影响较大；采用方案二和方案三时塑性区明显缩小，仅在底板出现拉伸破坏，说明这两种支护方案对巷道顶板及两帮的支护起到了维护作用，可大大提高巷道围岩的稳定性。

不同支护方案的效果对比可见表 5-7。

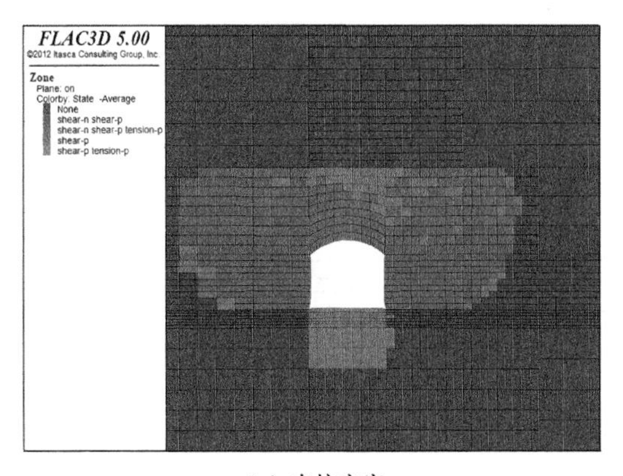

(a) 支护方案一

图 5-13　塑性区分布图

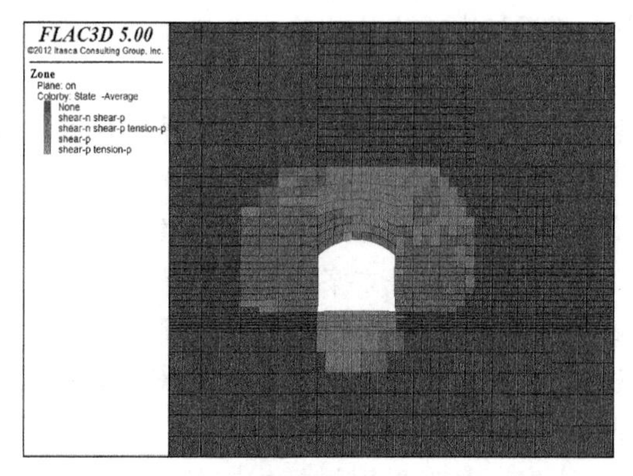

（b）支护方案二

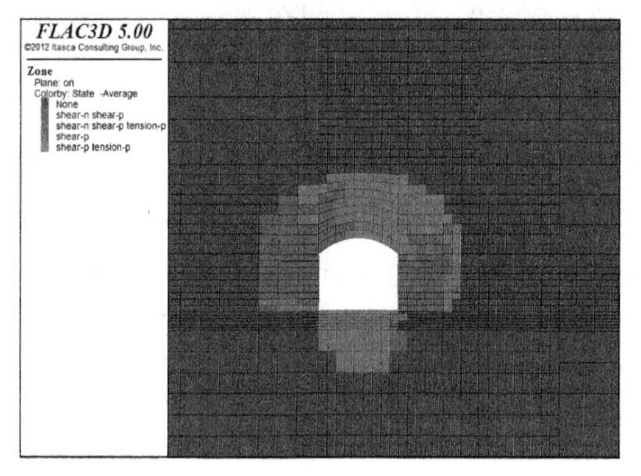

（c）支护方案三

图 5-13(续)

表 5-7　4206 回风顺槽掘进期间支护方案效果数值模拟情况对比

方案名称	方案一	方案二		方案三	
		较方案一下降量	下降率	较方案一下降量	下降率
最大垂直应力	24.2 MPa	2.9 MPa	12.0%	3.4 MPa	14.0%
最大顶板下沉量	149.1 mm	65.5 mm	43.9%	84.0 mm	56.3%
底鼓量	61.2 mm	4.9 mm	8.0%	7.4 mm	12.1%
两帮变形量	147.7 mm	62.4 mm	42.2%	80.4 mm	54.4%

由表 5-7 可以发现，采用不同的支护方案时，围岩应力及围岩变形相差较大，方案一中的巷道帮部应力比较集中，顶板下沉量大，底鼓较明显，两帮

变形严重,说明方案一对巷道支护较为不足;方案二和方案三相比较方案一,围岩应力明显下降,围岩变形最高下降量达 56.3%,说明它们能够维护巷道的围岩稳定状态,改善应力分布情况,减小变形量。而方案二和方案三的支护效果相差不大,但从经济效益的方面考虑,建议采用方案二。

(2) 回采期间回风顺槽支护效果模拟分析

4206 孤岛工作面回采期间回风顺槽的支护效果数值模拟分析情况如图 5-14～图 5-17 所示。

由图 5-14 可以看出,不同的支护方案下前后巷道围岩所受垂直应力相差较大,方案一最大垂直应力为 38.2 MPa;方案二最大垂直应力为 30.6 MPa,比方案一小 7.6 MPa,下降了 19.9%;方案三最大垂直应力仅 28.2 MPa,比方案一小 10.0 MPa,下降了 26.2%。

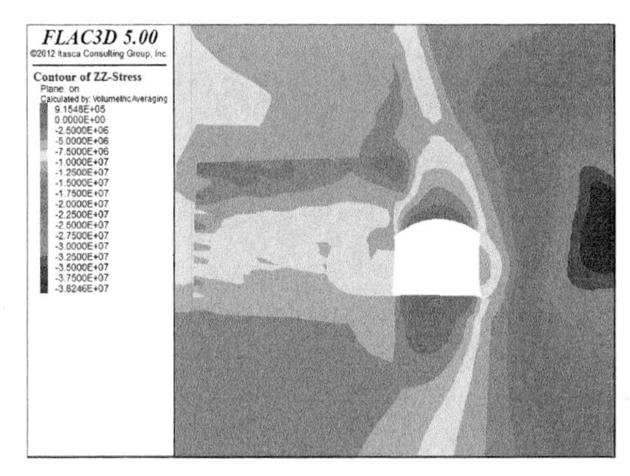

(a) 支护方案一

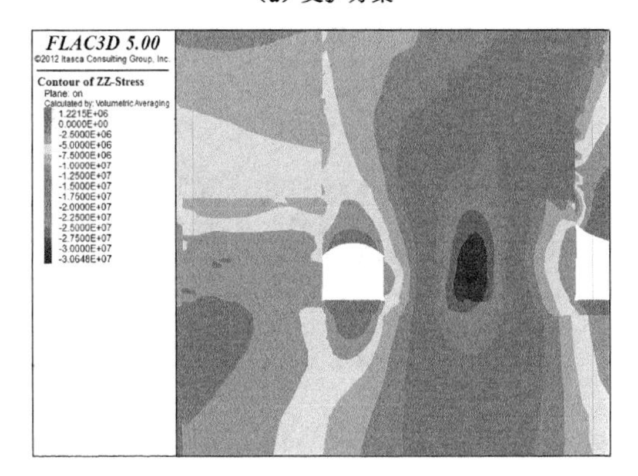

(b) 支护方案二

图 5-14 垂直应力分布图

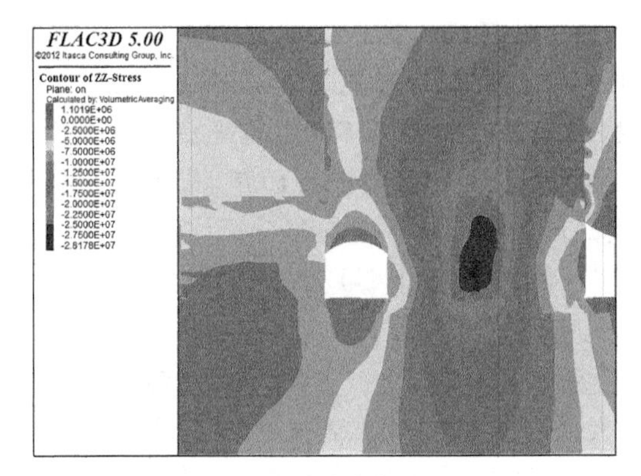

(c) 支护方案三

图 5-14(续)

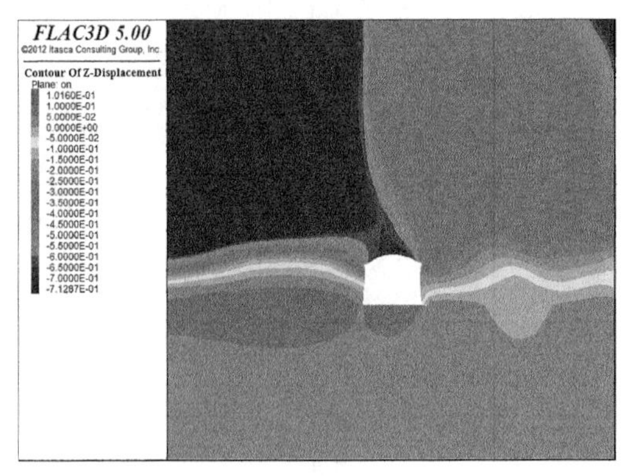

(a) 支护方案一

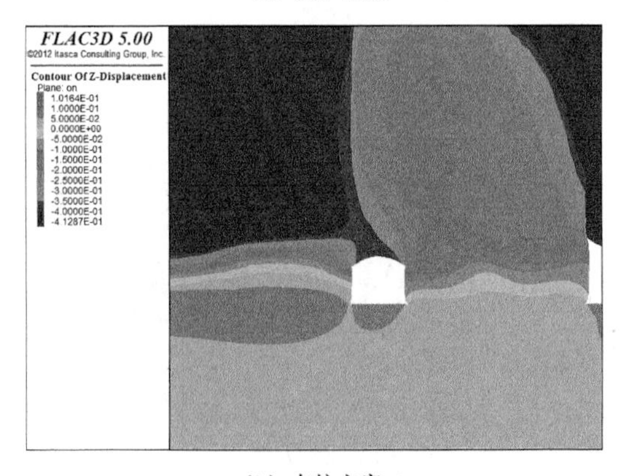

(b) 支护方案二

图 5-15 垂直位移分布图

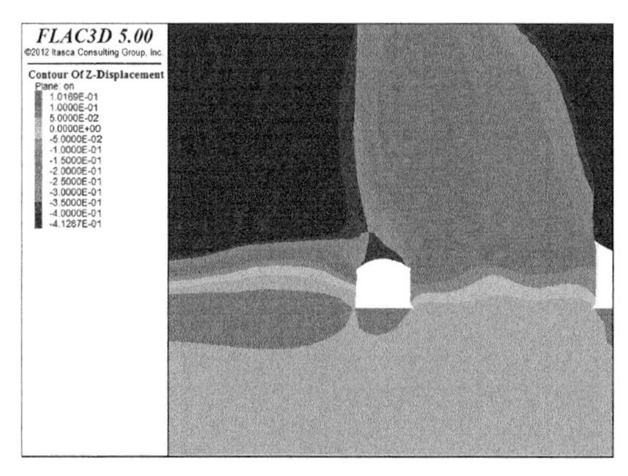

(c) 支护方案三

图 5-15(续)

从模拟中发现,方案一虽然采用锚杆索支护,但巷道煤柱帮的应力依旧较大,因此不建议采用方案一的支护方式;方案二和方案三对巷道支护都能取得较好的效果,可明显改善围岩应力状态,但方案二和方案三的支护效果相差不大,从经济效益的方面考虑,建议采用方案二。

由图 5-15 和图 5-16 可以看出,不同支护方案时巷道围岩的位移相差较大:方案一顶板最大垂直位移 715 mm,底鼓量 147 mm;方案二顶板最大垂直位移为 420 mm,只有方案一的 58.7%,底鼓量 114 mm,为方案一的 77.6%;方案三顶板最大垂直位移仅 405 mm,只有方案一的 56.6%,底鼓量为 106 mm,为方案一的 72.1%。

两帮位移变化方面,方案一左帮移进量为 211 mm,右帮移进量为 566 mm;方案二左帮移进量为 138 mm,是方案一的 65.4%,右帮移进量为 364 mm,是方案一的 64.3%;方案三左帮移进量为 132 mm,是方案一的 62.6%,右帮移进量为 350 mm,是方案一的 61.8%。采用方案二及方案三时掘进期间巷道变形量均小于 16%,都能够对巷道顶底板及两帮起到较好的维护作用,可以保证井下生产作业的顺利进行,因此建议采用方案二或方案三。

从模拟中发现,方案一虽然采用锚杆索支护,但巷道顶底板及两帮的变形较大,因此不建议采用方案一;方案二和方案三都能对巷道支护取得较好的效果,可明显改善围岩变形,但方案二和方案三的支护效果相差不大,从经济效益方面考虑,建议采用方案二。

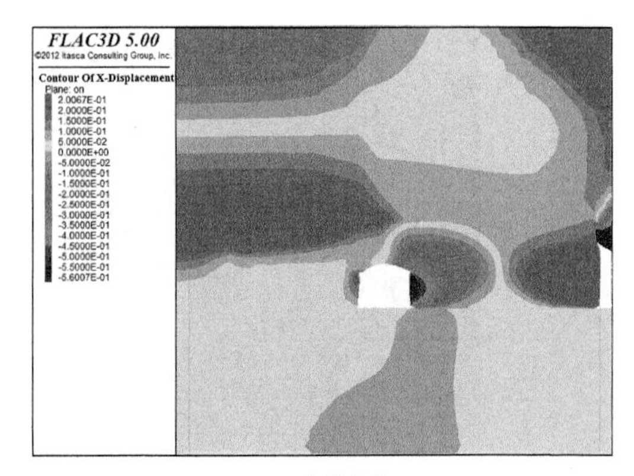

（a）支护方案一

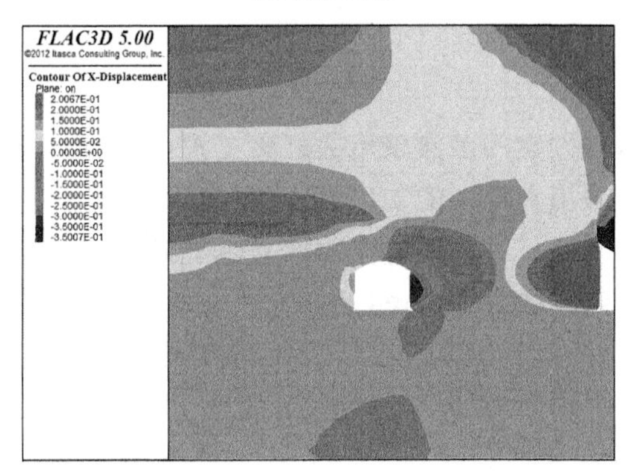

（b）支护方案二

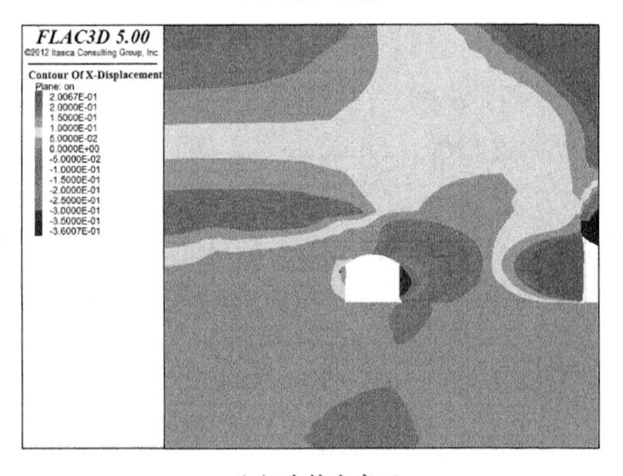

（c）支护方案三

图 5-16　水平位移分布图

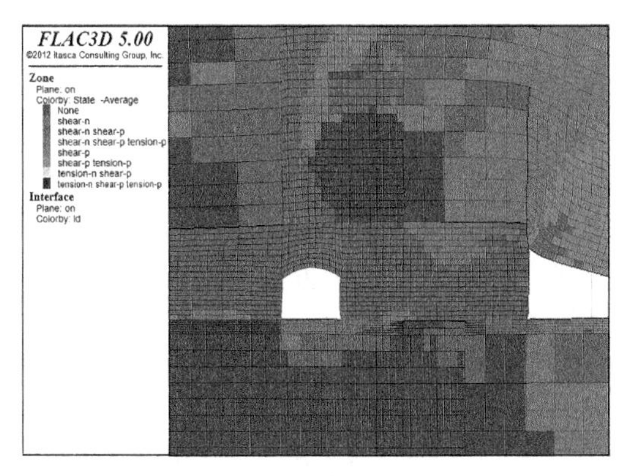

（a）支护方案一

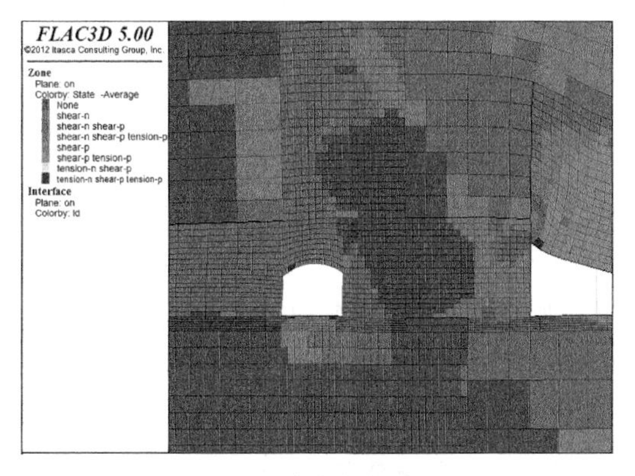

（b）支护方案二

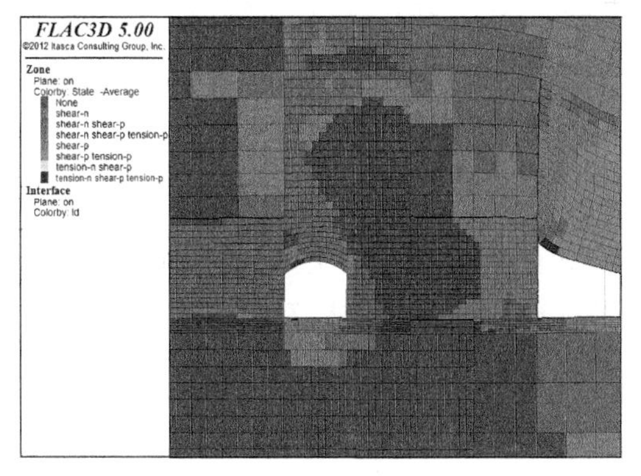

（c）支护方案三

图 5-17　塑性区分布图

由图 5-17 可以看出，不同支护方案下的工作面回采期间围岩的塑性区相差较大，其中方案一在顶底板、煤柱均出现较严重破坏，说明超前支承应力对巷道的影响较大；方案二和方案三的塑性区比方案一明显缩小，仅在底板和煤柱帮出现剪切破坏，说明这两种方案对巷道顶板及两帮的支护都起到了维护作用，可大大提高巷道围岩的稳定性。

4206 回风顺槽回采期间不同支护方案的模拟效果对比可见表 5-8。

表 5-8　4206 回风顺槽回采期间支护方案效果数值模拟情况对比

方案名称	方案一	方案二		方案三	
		较方案一下降量	下降率	较方案一下降量	下降率
最大垂直应力	38.2 MPa	7.6 MPa	19.9%	10.0 MPa	26.2%
最大顶板下沉量	715 mm	295 mm	41.3%	310 mm	43.4%
底鼓量	147 mm	33 mm	22.4%	41 mm	27.9%
采空侧变形量	211 mm	73 mm	34.6%	79 mm	37.4%
煤柱帮变形量	566 mm	202 mm	35.7%	216 mm	38.2%

由表 5-8 可以发现，采用不同的支护方案时围岩应力及围岩变形相差较大，方案一中的巷道帮部应力比较集中，顶板下沉量大，底鼓较明显，煤柱帮变形严重，说明方案一对巷道支护较为不足；方案二和方案三相比较方案一，围岩应力明显下降，围岩变形最高下降量达 43.4%，说明它们能够维护巷道的围岩稳定状态，改善应力分布，减小变形量，合理的支护方案应当在方案二及方案三中选取。而方案二和方案三的支护效果相差不大，从经济效益的方面考虑，建议采用方案二。

5.2.2　锚杆支护方案汇总

通过理论计算，结合现有 4206 巷道局部的锚网支护情况进行研究分析，确定了 4206 回采巷道初步的支护技术方案，锚杆技术方案主要参数见表5-9和表 5-10，锚杆支护断面如图 5-18 和图 5-19 所示。

5.2.2.1　4206 运输顺槽锚杆(索)初步支护参数

顶板及帮部锚杆分别采用 ϕ20 mm×2 500 mm 的左旋、右旋无纵筋螺纹钢锚杆，间排距 800 mm×700 mm，预紧力矩 300 N·m；顶板锚索采用 ϕ21.8 mm×9 600 mm 钢绞线，间排距 1 600 mm×700 mm，预紧力 210 kN；帮部锚索采用 ϕ21.8 mm×6 500 mm 钢绞线，排距 700 mm，预紧力 210 kN。锚网铺设平

整，钢筋网与网之间相互压茬 100 mm，并每隔 100 mm 用铁丝扎接。

表 5-9 4206 运输顺槽支护方案主要参数

名称	相关参数	
顶锚杆	锚杆规格	左旋无纵筋螺纹钢锚杆，规格：ϕ20 mm×2 500 mm
	锚固长度	510 mm
	树脂药卷	Z2360 两卷
	间排距	800 mm×700 mm
	锚杆根数	每排 9 根
	托盘规格	150 mm×150 mm×10 mm
	钢带	T 形钢带，参数 T140/6500/8，长度 6 500 mm，厚度 8 mm
	网	8# 菱形铁丝网，规格：900 mm×6 600 mm，网目：40 mm×40 mm
	预紧力矩	300 N·m
帮锚杆	锚杆规格	右旋无纵筋螺纹钢锚杆，规格：ϕ20 mm×2 500 mm
	锚固长度	510 mm
	树脂药卷	Z2360 两卷
	间排距	800 mm×700 mm
	锚杆根数	4 根
	托盘规格	150 mm×150 mm×10 mm
	钢带	T 形钢带，参数 T140/2700/8，长度 2 700 mm，厚度 8 mm
	网	8# 菱形铁丝网，规格：900 mm×2 900 mm，网目：40 mm×40 mm
	预紧力矩	300 N·m
顶板锚索	锚索规格	ϕ21.8 mm×9 600 mm 钢绞线
	锚固方式	端头锚固
	锚固长度	1 440 mm
	树脂药卷	Z2360 三卷
	间排距	1 600 mm×700 mm
	锚索根数	每排 4 根
	托盘规格	钢板托盘，长×宽×厚为：300 mm×300 mm×15 mm
	预紧力	210 kN

表 5-9(续)

名称	相关参数	
帮部锚索	锚索规格	ϕ21.8 mm×6 500 mm 钢绞线
	锚固方式	端头锚固
	锚固长度	1 440 mm
	树脂药卷	Z2360 三卷
	排距	700 mm
	锚索根数	每排 1 根
	托盘规格	钢板托盘,长×宽×厚为:300 mm×300 mm×15 mm
	钢带	T 形钢带,参数 T140/1500/8,长度 1 500 mm,厚度 8 mm
	预紧力	210 kN

表 5-10　4206 回风顺槽支护方案主要参数

名称	相关参数	
顶锚杆	锚杆规格	左旋无纵筋螺纹钢锚杆,规格:ϕ20 mm×2 500 mm
	锚固长度	510 mm
	树脂药卷	Z2360 两卷
	间排距	850 mm×700 mm
	锚杆根数	每排 7 根
	托盘规格	150 mm×150 mm×10 mm
	钢带	T 形钢带,参数 T140/5400/8,长度 5 400 mm,厚度 8 mm
	网	8# 菱形铁丝网,规格:900 mm×5 500 mm,网目:40 mm×40 mm
	预紧力矩	300 N·m
帮锚杆	锚杆规格	右旋无纵筋螺纹钢锚杆,规格:ϕ20 mm×2 500 mm
	锚固长度	510 mm
	树脂药卷	Z2360 两卷
	间排距	800 mm×700 mm
	锚杆根数	5 根
	托盘规格	150 mm×150 mm×10 mm
	钢带	T 形钢带,参数 T140/3300/8,长度 3 300 mm,厚度 8 mm
	网	8# 菱形铁丝网,规格:900 mm×3 400 mm,网目:40 mm×40 mm
	预紧力矩	300 N·m

表 5-10(续)

名称	相关参数	
顶板锚索	锚索规格	ϕ21.8 mm×9 000 mm 钢绞线
	锚固方式	端头锚固
	锚固长度	1 440 mm
	树脂药卷	Z2360 三卷
	间排距	1 400 mm×700 mm
	锚索根数	每排 4 根
	托盘规格	钢板托盘,长×宽×厚为:300 mm×300 mm×15 mm
	预紧力	210 kN
帮部锚索	锚索规格	ϕ21.8 mm×6 500 mm 钢绞线
	锚固方式	端头锚固
	锚固长度	1 440 mm
	树脂药卷	Z2360 三卷
	排距	700 mm
	锚索根数	每排 1 根
	托盘规格	钢板托盘,长×宽×厚为:300 mm×300 mm×15 mm
	钢带	T 形钢带,参数 T140/1500/8,长度 1 500 mm,厚度 8 mm
	预紧力	210 kN

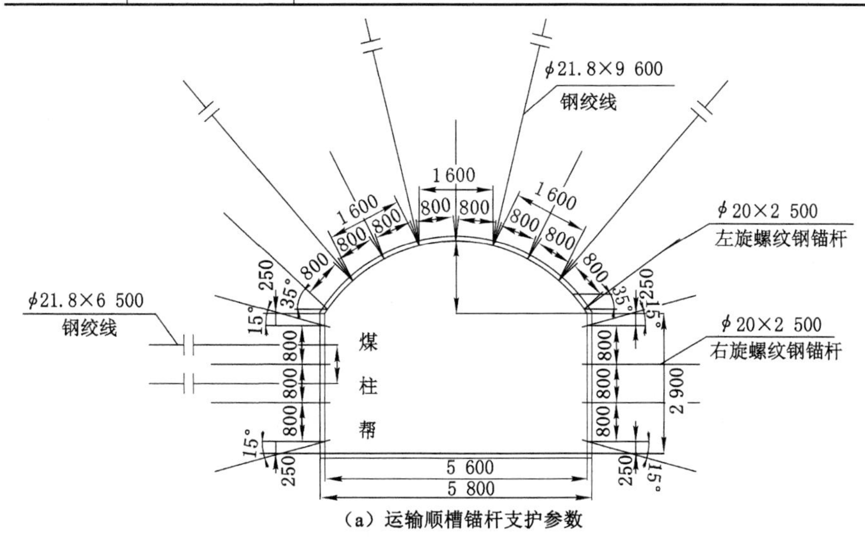

图 5-18　4206 运输顺槽锚杆支护方案示意图

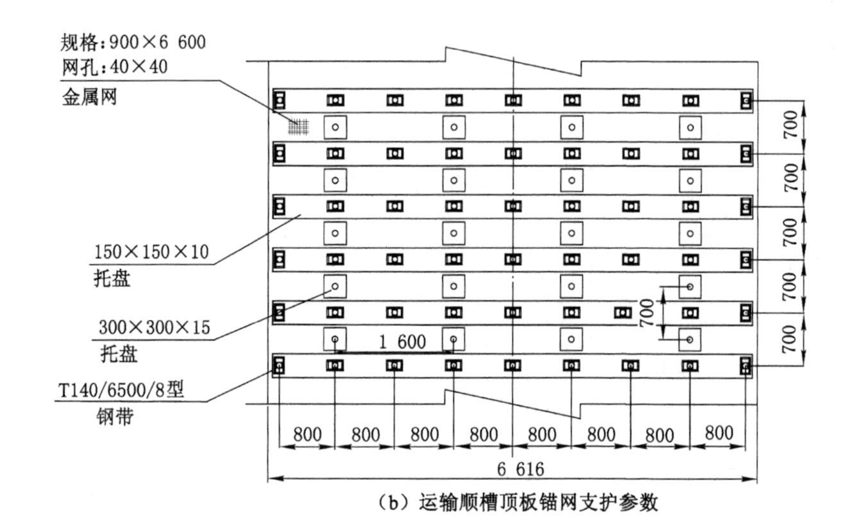

(b) 运输顺槽顶板锚网支护参数

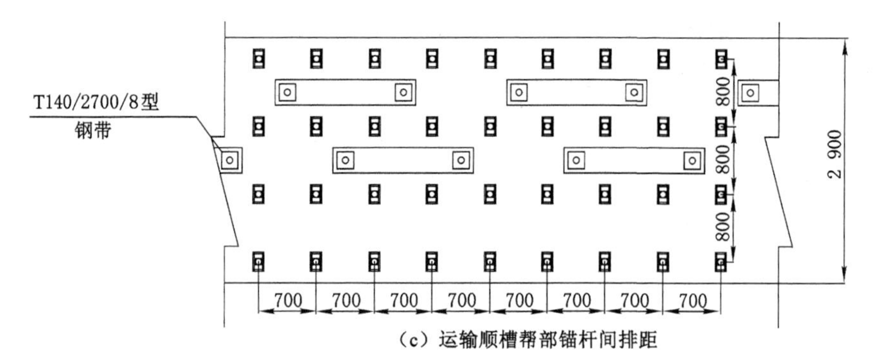

(c) 运输顺槽帮部锚杆间排距

图 5-18(续)

5.2.2.2 4206 回风顺槽锚杆(索)初步支护参数

顶板锚杆采用 ϕ20 mm×2 500 mm 的左旋无纵筋螺纹钢锚,帮部锚杆采用 ϕ20 mm×2 500 mm 的右旋无纵筋螺纹钢锚,顶板锚杆间排距设定为 850 mm×700 mm,帮部锚杆间排距设定为 800 mm×700 mm,预紧力矩 300 N·m;顶板锚索采用 ϕ21.8 mm×9 000 mm 钢绞线,间排距 1 400 mm×700 mm,预紧力 210 kN;帮部锚索采用 ϕ21.8 mm×6 500 mm 钢绞线,排距 700 mm,预紧力 210 kN。锚网铺设平整,钢筋网与网之间相互压茬100 mm,并每隔 100 mm 用铁丝扎接。

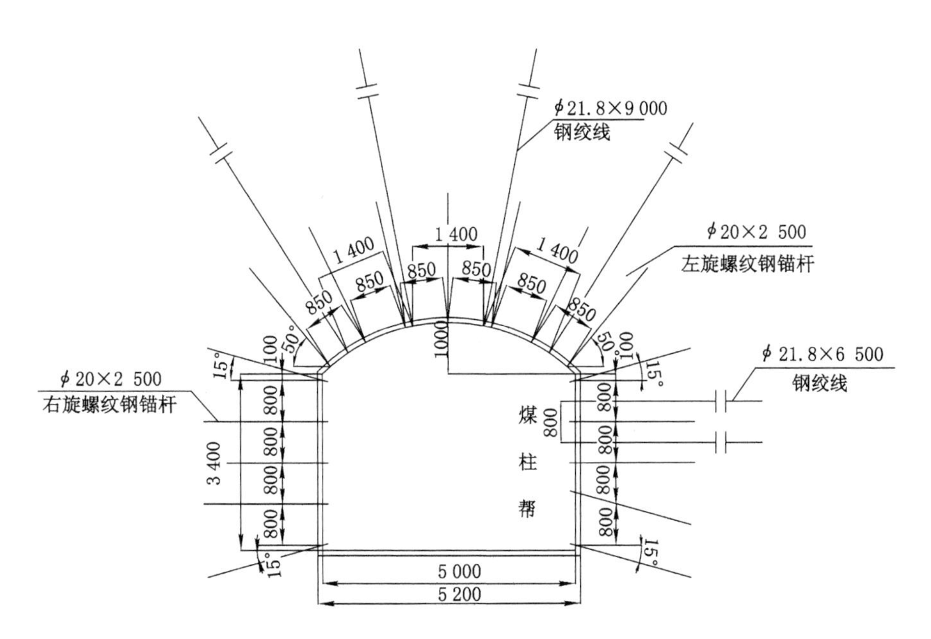

（a）回风顺槽支护参数

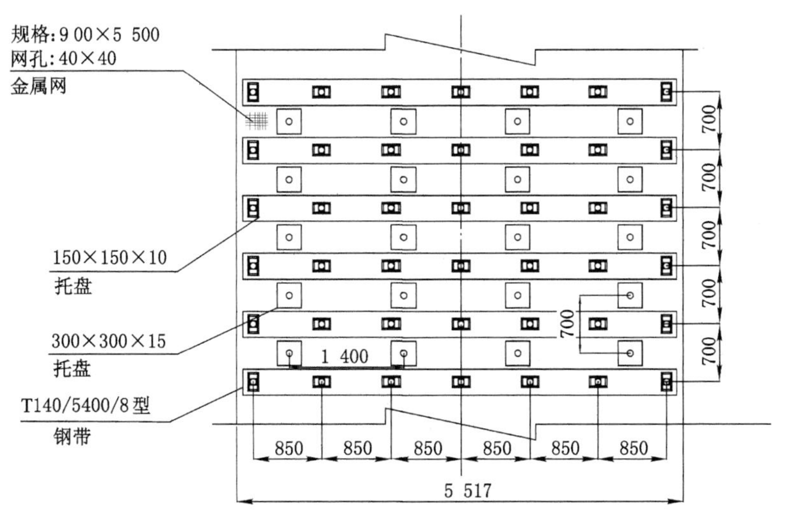

（b）回风顺槽锚网支护参数

图 5-19　4206 回风顺槽锚杆支护方案示意图

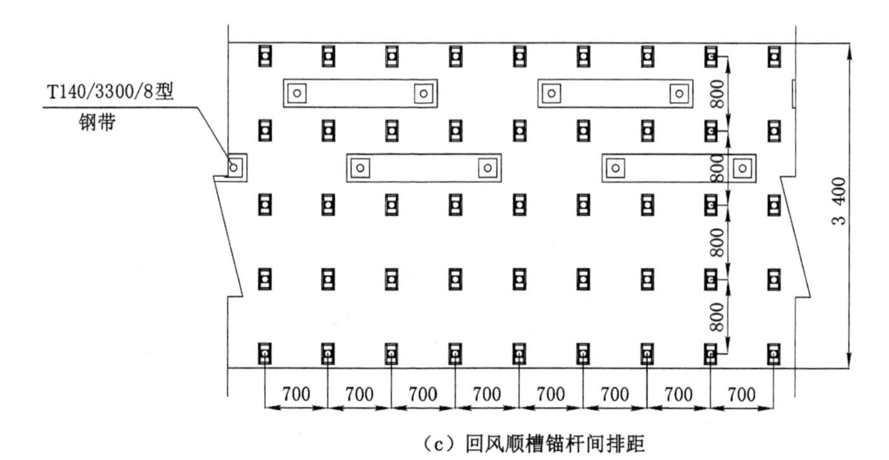

（c）回风顺槽锚杆间排距

图 5-19(续)

5.3 沿空掘巷围岩控制实践

5.3.1 4206 工作面支护补强及煤柱注浆参数及工艺

5.3.1.1 补强方案概述

4206 孤岛工作面的矿压显现相较于普通的沿空掘巷要更为剧烈，因此对于地质异常区域，应当及时补强支护且要重视底板加固，同时根据巷道支护及维护实际情况，对围岩变形严重和已损巷道进行二次补强支护。补强支护可通过采用 ϕ22 mm 的高强锚杆(BHRB500～600)、增加锚杆(索)锚固长度、缩小锚杆(索)间排距、补打锚杆锚索和架可缩型 U 形棚等方式，具体支护方案根据现场情况确定。

围岩注浆已成为破碎围岩加固的一种有效措施。通过对破碎围岩体进行注浆加固，可以提高结构面的强度和刚度，可以充填裂隙体，黏结破碎围岩体，提高围岩的整体性，进一步提高围岩的承载能力。另外，通过对围岩体进行注浆加固，可以封堵水的侵入，减小水对围岩体的弱化。对围岩体进行注浆加固已成为沿空巷道支护的必要措施。

在 4206 孤岛工作面采掘期间，应当定期对 4208 采空区积水进行勘探，如发现异常情况，及时查找原因，疏排积水，保证工作面安全生产。同时为了保证 4208 采空区内残余积水不对 4206 孤岛工作面的正常回采造成影响，在已排干采空区积水的前提下,应对煤柱进行注浆加固。这一方面能够提升煤柱的承载能力及稳定性,另一方面能够封堵煤柱内的裂隙,保证采区积水及瓦斯等不通过渗透煤柱进入 4206 孤岛工作面。

5.3.1.2　注浆参数研究

合理的注浆参数对于煤柱稳定性极为重要,如果注浆量过小或注浆深度不够,不能完全封堵煤柱内的裂隙,就起不到阻挡采空区积水、瓦斯的作用;如果注浆量过大或注浆深度过深,则会提高成本浪费资源,同时使煤柱内应力升高,对后期卸压工作造成影响。

(1) 注浆浆液选择及配比

对于试验矿井现场条件,建议采用水泥水玻璃类浆液,其材料来源广,成本低。水泥水玻璃浆液有以下特点:凝胶时间可控制在数秒至数小时范围内;结石体抗压强度较高;结石率较高;材料来源丰富,价格较低;对环境及地下水无毒性污染,但有碱溶出,对皮肤有腐蚀性;当水玻璃加入过多时结石体易粉化,有碱溶出,化学结构不够稳定,但是水玻璃加入较少时,不存在结石体易粉碎的问题。

合理的水灰配比不要超过 1∶1,不要低于 0.7∶1,水玻璃类浆液和水泥浆液比为 0.04∶1 是较为合适的,必要时加入速凝剂或缓凝剂所组成的注浆材料。

(2) 注浆孔间排距

合理的注浆孔间排距应该与锚杆索间排距相适应,考虑到试验矿井 4201 回采巷道锚杆索间排距为 700 mm,取注浆孔布置参数为 1 500 mm×1 400 mm。

(3) 注浆压力

大量试验表明,若注浆孔深度有限,而岩体有明显的裂隙,此时注浆压力一般不超过 2 MPa,围岩裂隙发育严重破碎时一般不超过 1 MPa。如果岩性软弱,应控制注浆压力不超过岩石抗压强度的 1/10,以防止产生注浆引起的劈裂破坏。而对于渗透性较差的岩体,应通过加密注浆孔的办法来解决,不能仅靠提高注浆压力。综合考虑各方面因素,暂定理论注浆压力为 1 MPa,现场可根据实际情况进行调整。

(4) 注浆时间

考虑到孤岛工作面矿压显现剧烈,煤柱变形量大,因此单孔注浆量大,需根据工程实际情况确定合理的注浆时间,建议不少于 40 min。

具体施工参数应当按照现场实际情况进行合理调整,对于煤柱破碎段、断层等异常区域,应当缩短注浆孔间排距,增加注浆孔深度,同时适当延长注浆时间。

5.3.2 孤岛工作面矿压问题

前面就4206孤岛工作面的围岩结构特征进行了研究，从工作面所处特殊采掘遗留情况出发，对其围岩应力分布特征进行了分析，并总结了其上覆岩层的结构特征，分析了其结构的特点，为孤岛工作面的覆岩结构特点作出了理论性分析。本章所要解决的主要问题如下：

(1) 孤岛工作面由于周边采空区支承应力的影响，除各边界处应力集中系数较大外，中部应力均匀分布处静载条件下应力集中系数也会较高，受采动应力场影响极大，在静载条件下，其原岩应力场逐渐被弱化，采动应力场造成的围岩应力变化占主要部分。

(2) 孤岛工作面顶板甚至覆岩也会发生初次来压随后周期性断裂，并与上方覆岩对称T形结构有很大关系。通过对不同形式的T形覆岩结构的分析，发现所研究的孤岛工作面覆岩属于短臂对称T形结构，其两侧采空区覆岩主关键层的断裂和受主关键层控制的上覆岩层发生的不同程度的弯曲变形，将积累一定程度的弹性能，而孤岛面的开采扰动会导致该部分覆岩进一步变形甚至断裂而产生动载，对回采形成威胁。

(3) 孤岛工作面上下端头的煤体在“反弧形”结构的作用下，受周边采空区的影响，超前支承压力集中系数和侧向支承压力集中系数均比正常工作面高，而且受采动应力场影响极大。

根据实际生产过程中表现出来的强矿压动力显现情况，4206孤岛工作面的运输顺槽及回风顺槽可以考虑进行顶板水压预裂卸压以及大直径钻孔卸压。

5.3.3 定向水力致裂卸压方案

5.3.3.1 定向水力致裂系统组成

定向水力致裂法就是利用专用的刀具，人为地在顶板岩层中，预先切割出一个定向裂缝，在较短的时间内，注入高压水，使岩(煤)体沿定向裂缝扩展，从而实现坚硬顶板的定向分层或切断，弱化坚硬顶板岩层的强度、整体性以及厚度，以达到降低矿压的目的。其优点为：施工工艺简单，适用性强(不受瓦斯限制)，对生产无影响，安全高效。其技术原理如图5-20所示。

定向致裂技术通过水平致裂将顶板分层，降低顶板厚度，从而减小覆岩来压步距与强度，同时，通过倾斜分层直接切割覆岩，消除震动源，两种方法均能有效防止或减小矿压显现的发生。

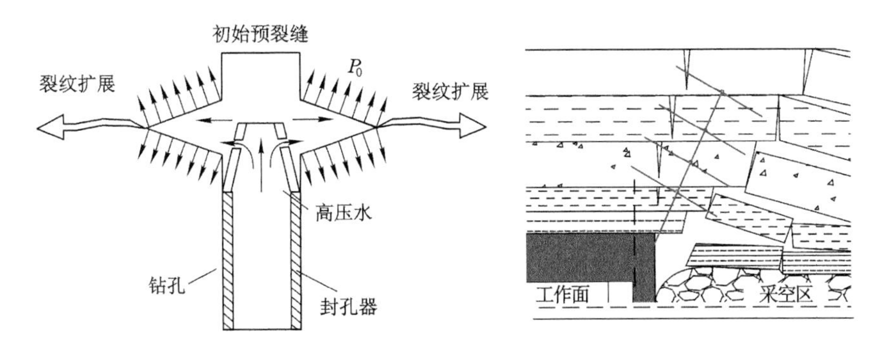

图 5-20 高压定向水力致裂原理图

(1) 系统组成

定向水力致裂系统的主要组成如图 5-21 所示，所需配套设备包括：

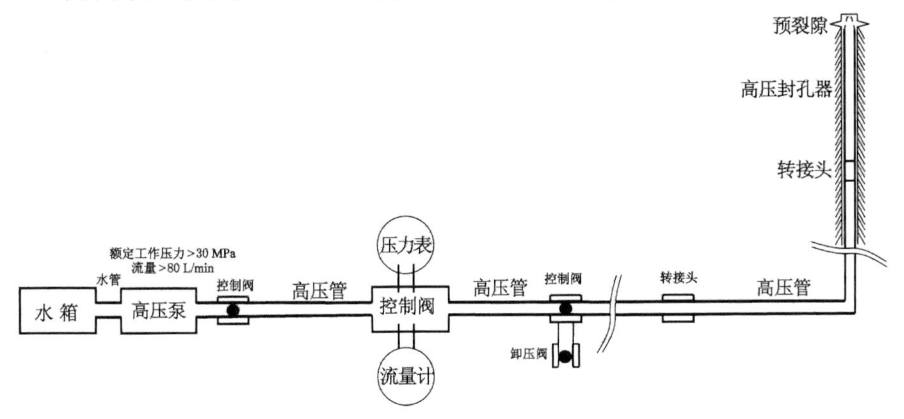

图 5-21 水力致裂系统组成示意图

① 定向切槽刀具(图 5-22)；

② 封孔器(图 5-23)；

③ 钻孔窥视仪；

④ 地质钻机，钻杆直径 42 mm，钻头直径 42～46 mm，成孔直径不超过 50 mm；

⑤ 高压泵、高压管路、压力表、流量计(可选)、各种管路接头以及控制阀、卸压阀等，这些设备可利用综采工作面乳化液泵与管路系统。

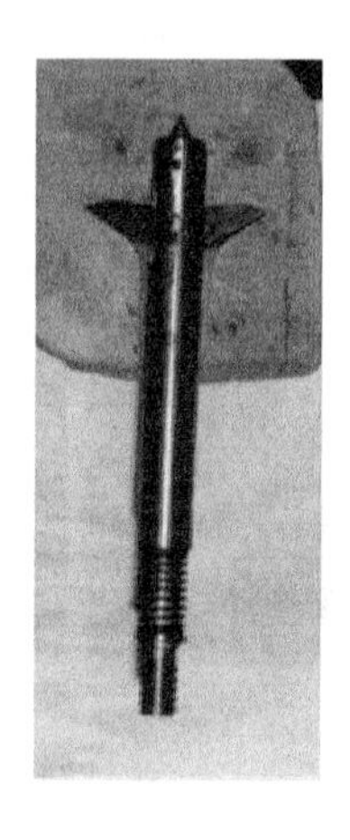

图 5-22　定向切槽刀具

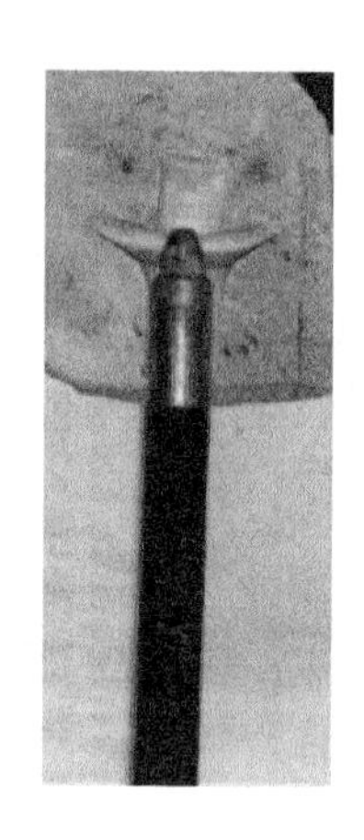

图 5-23　封孔器

(2) 具体操作工序

① 施工钻孔：利用液压地质钻机在工作面顺槽设计钻孔位置施工 ϕ46 mm的致裂钻孔与控制钻孔。

② 切割初始裂缝：利用 ϕ38 mm 的割缝刀具进行切槽。连接钻杆时，必须将钻杆与钻杆之间拧紧。控制致裂孔的切槽速度，一定要以较慢的速度钻进，同时观测回流水中岩粉的性质。切槽完成后，停钻进行冲水洗孔，直至水流变清。同时利用钻孔窥视仪，观测初始裂缝的形状是否符合要求。

切割预裂缝的方法如下：

a. 将机身和钻杆相连，放入钻孔中直至定向锥接触到钻孔底部。

b. 将钻具进行空钻(不要有向前的运动)，将泥浆冲出。等钻孔中有水流出后，慢慢地有控制地推动钻杆转动，使钻杆沿轴向向前运动。钻杆向前的移动量不能超过纵向切槽长度 4 cm，从而切出预裂缝。钻杆必须要缓慢地向前移动，否则容易损坏刀具。

c. 停止钻杆向前运移，保持旋转 1 min，以便将钻具从形成的预裂缝中移出。

d. 停止钻机的转动，并将钻杆从钻孔中取出。

预裂缝切割效果可在钻孔中使用钻孔窥视仪测试后判断，如图 5-24 所示。

③ 封孔：将长度 1.1 m、ϕ41 mm 的封孔器与高压管(无缝钢管)通过连接器进行紧密连接，并确保推送到钻孔的底部，然后将封孔器退回3～5 cm，

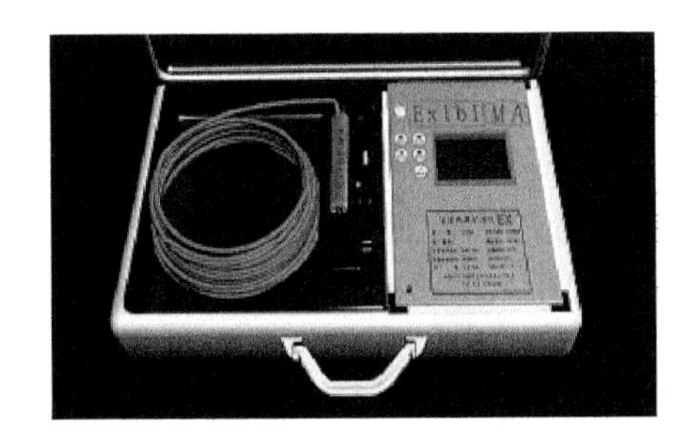

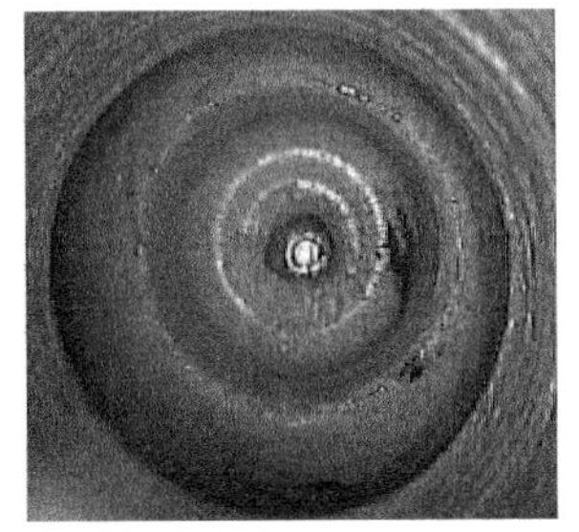

图 5-24　矿用本质安全型窥视仪与预裂缝效果图

并将其固定。将压力表与流量计安装在控制阀的两侧，将控制阀的前后接口分别连接高压管进水端与出水端，并关闭出水端的控制阀。

④ 注水：开动高压泵，当压力上升到 30 MPa 左右时，开启出水端的控制阀，保证在 30 MPa 左右的高压水作用下，封孔器不被抛出。利用封孔器两侧喷嘴的冲击压力切割顶板岩层，同时监测控制阀上压力表的压力变化。若压力出现明显降低，说明高压水已经进入致裂岩层。

5.3.3.2　4206 孤岛工作面定向水力致裂参数的确定

(1) 致裂高度

当煤层上面有厚层难冒顶板，且其下部岩层冒落后与该难冒顶板存在自由空间时，应松动碎裂或者切割该厚层顶板，切割厚度以冒落后能充满其下自由空间为准(或为自由空间高度的 2～3 倍)。

垮落带岩层厚度是垮落碎胀后能充满采空区自由空间的岩层总厚度。在缓斜、倾斜煤层综放开采中，理论垮落带岩层厚度(高度)h_K'按下式确定：

$$h_K' = \frac{M'C}{K_K - 1} \tag{5-36}$$

式中　M'——采放有效高度(包括采煤高度 M 与放煤高度 h_D，采放比不得超过 1∶3，个别情况煤层很厚时，超出部分 h_m 只能作为煤顶)；

C——采放总采出率；

K_K——垮落带岩层平均碎胀系数。

自下而上累加各直接顶分层及基本顶分层厚度，当达到或刚超过 h_K' 时，此分层为垮落带最上一个分层，从最下一个分层至最上一个分层的厚度总和，就是实际的垮落带岩层高度。

则基本顶岩层进入裂隙带的判别公式为

$$H_i \geqslant M' - \left[\sum_{0}^{i-1} H_i'(K_i - 1) + h(K_z - 1)\right] + 2 \tag{5-37}$$

式中 H_i——由下而上第 i 层基本顶岩层(基础岩层)的厚度,m;

H_i'——由下而上第 i 层基本顶分层的厚度,m;

K_i——第 i 层基本顶及其附加岩层的岩石碎胀系数;

h——直接顶厚度,m;

K_z——直接顶岩层的岩石碎胀系数。

常见岩石碎胀系数见表 5-11。

表 5-11 常见岩石碎胀系数

岩石类型	碎胀系数	残余碎胀系数
砂	1.06～1.15	1.01～1.03
碎煤	＜1.2	1.05
黏土页岩	1.4	1.1
沙质页岩	1.6～1.8	1.1～1.15
硬砂岩	1.5～1.8	—

根据现场实际参数,取煤厚 $M=8$ m,按 $C=80\%$,碎胀系数参照表5-11计算,得出 4206 孤岛工作面各顶板分层碎胀高度,见表 5-12。

表 5-12 各顶板分层碎胀高度计算

岩层	岩性	厚度/m	碎胀系数	碎胀高度/m	$CM+2$
4-2 煤层	煤	8.00	1.2	$0.15M\times(1.2-1)=0.24$	
直接顶	粉砂岩	4.00	1.5	2.00	
基本顶	中砂岩	6.29	1.5	3.14	$0.80M+2=8.4$
基本顶	粉砂岩	2.99	1.5	1.50	
覆岩	细砂岩	1.97	1.5	0.99	
覆岩	粉细互层	4.33	1.5	2.17	

可以看出，基本顶岩层已进入冒落带。经计算可以得出,冒落带岩层碎裂充满自由空间时,所需基本顶岩层的破断高度为

$$H_6 = \frac{8.40-0.24-2.00-3.14-1.50-0.99}{1.5-1} = 1.06(\text{m})$$

因此，工作面顶板垮落带的理论计算高度为

$$h_K = 4.00 + 6.29 + 2.99 + 1.97 + 1.06 = 16.31\ (\text{m})$$

4206 孤岛工作面粉细互层厚度达 4.33 m，大于所需基本顶岩层破断高度，所以应对此粉细互层岩层进行致裂，垂直致裂高度可为 16.3 m 左右(巷道顶板至孔底)，致裂位置为粉砂互层基本顶的中部。考虑到煤层厚度的影响，从巷道垂直往上打孔深度应不小于 20.3 m，取 21 m，从巷道顶板开始致裂高度为 21 m。有两种方案：

方案一：沿巷道中部垂直向粉砂互层基本顶施工致裂孔，通过水平致裂将基本顶分层，降低基本顶厚度，从而减小基本顶来压步距与强度，如图5-25所示。该方案钻孔深度 21 m，致裂难度相对较小，但致裂效果一般。

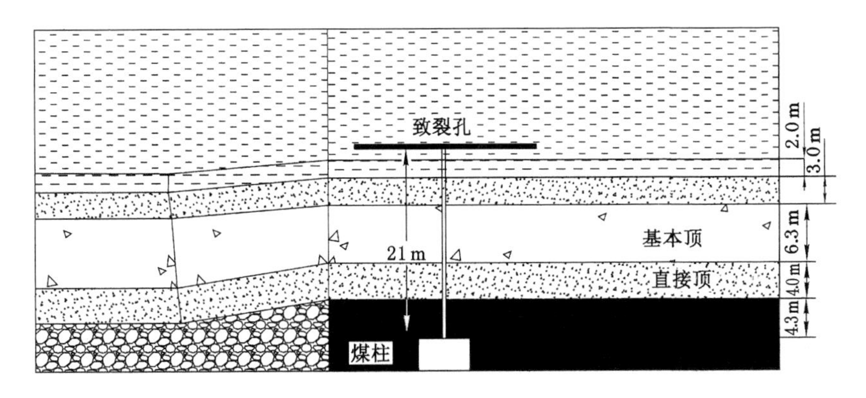

图 5-25 4206 孤岛工作面顶板定向水力致裂方案一(水平致裂孔)

方案二：通过倾斜分层直接切割基本顶岩层，降低采空区侧的悬顶距离，减小应力集中，也能有效防止或降低强矿压的发生。致裂孔偏向实体煤侧 60°后，钻孔深度取 25 m 左右，一个断面实施 2 个致裂孔，如图 5-26 所示。该方案理论上效果更佳，但实施较困难。

(2) 致裂水压力

顶板高压定向水力致裂的主要目的是处理巷道上方基本顶岩层。在工作面两巷内，垂直巷道顶板施工钻孔，施工直径 46～48 mm 钻孔，钻孔深度根据工作面详细钻孔资料进行设计，在距钻孔两边设置检测孔，利用水流变化和岩层窥视仪检验水力致裂范围和顶板破断效果。所需注水压力可根据岩体抗拉强度极限值确定。定向致裂顶板所需要的水力压力为

$$P = 1.3(P_z^* + R_r) \tag{5-38}$$

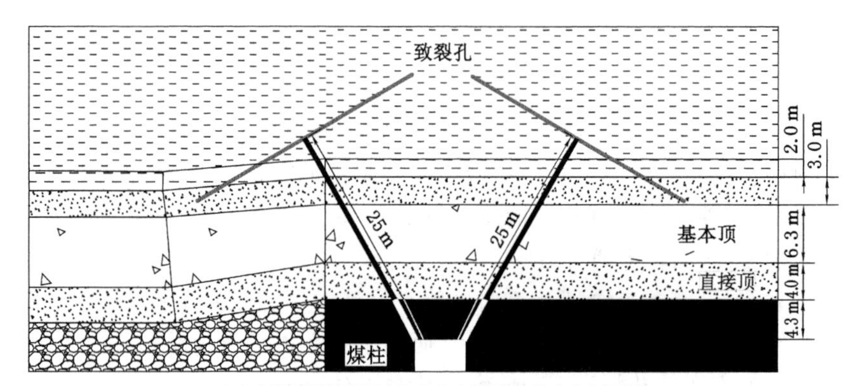

（a）运输顺槽侧顶板定向水力致裂钻孔走向剖面图

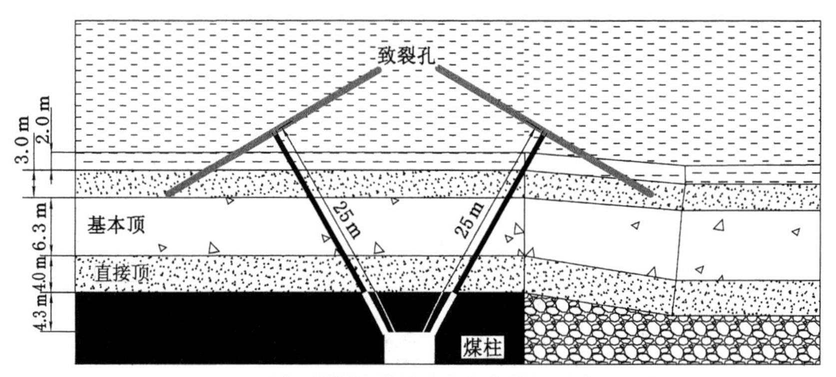

（b）回风顺槽侧顶板定向水力致裂钻孔走向剖面图

图 5-26　4206 孤岛工作面顶板定向水力致裂方案二(倾斜致裂孔)

式中　P_z^*——岩体应力,受深度、所处煤层及邻近煤层的开采历史、开采地质条件等的影响,一般以自重应力计算;

R_r——岩石极限抗拉强度。

对于 4206 孤岛工作面,最大埋深为 500 m,基本顶岩层的岩石抗拉强度按 4 MPa 计算,则致裂压力为:$P=21.45$ MPa。

由于岩层的不均质性及采动支承压力、构造应力等因素的影响,致裂所需的压力不能精确给出,上述计算的压力值为近似值,一般情况下泵站超过此值,是可以将此处顶板致裂的。

压力越大,越容易将岩层致裂,流量(流速)越大,致裂半径越大,裂纹扩展越快。对于流量的要求为不小于 80 L/min。

(3) 致裂裂缝传播范围(致裂半径)的测定

岩石定向水力裂缝法的控制必须每次都适应现场条件，尤其重要的是测定裂缝和产生裂缝的平面的传播范围。检验裂缝传播最常用的方法是钻孔法(图 5-27)。通过控制孔有无乳化液(水)流出判断致裂的范围，如果有液体从控制孔流出，就可知道致裂范围已达到此控制孔处。

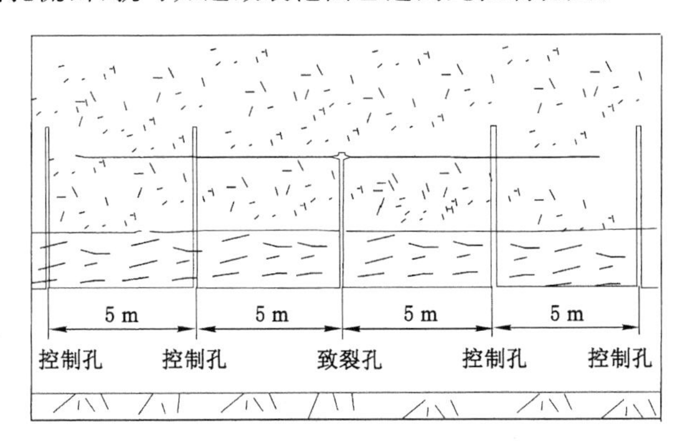

图 5-27 致裂控制钻孔布置示意图

其具体测量方法为：在远离回采影响的顺槽，垂直顶板层面向顶板施工钻孔，其中 1 个致裂孔、2 个观测孔。首先按照图 5-28，施工出 2 个观测孔，然后施工致裂孔至 21 m 后，切槽，致裂。若致裂半径能够达到 5 m，则继续钻进至 23 m，重复以上过程。这样可以基本确定最大致裂半径。钻孔直径 42～46 mm，利用乳化液泵提供高压水。岩体被致裂开后压力将下降，当压力下降 5～10 MPa，表明顶板已经致裂。等待若干分钟后，观察观测孔中是否有高压液流出。也可通过流量计记录流量的变化，当流量不再增加时，致裂过程结束。

根据实践经验，顶板水力致裂半径都能达到 5 m 以上，因此，暂定沿工作面走向方向每隔 5～10 m 实施一组水力致裂孔。

5.3.3.3 致裂方案参数汇总

(1) 高压定向水力致裂就是预先在岩层中用刀具切割一个裂缝，在高压水的作用下，使岩层中预先切割的裂隙破裂并扩展，以便分层或切断岩层，减小工作面回采过程中顶板的完整性与垮落步距，降低动载扰动。

(2) 4206 孤岛工作面采煤高度约为 7.8 m，要使垮落的顶板能够充填完整采空区，则顶板的破裂高度为 16 m。

(3) 考虑到试验矿井矿压显现较为严重，在水压致裂时应当选择效果更

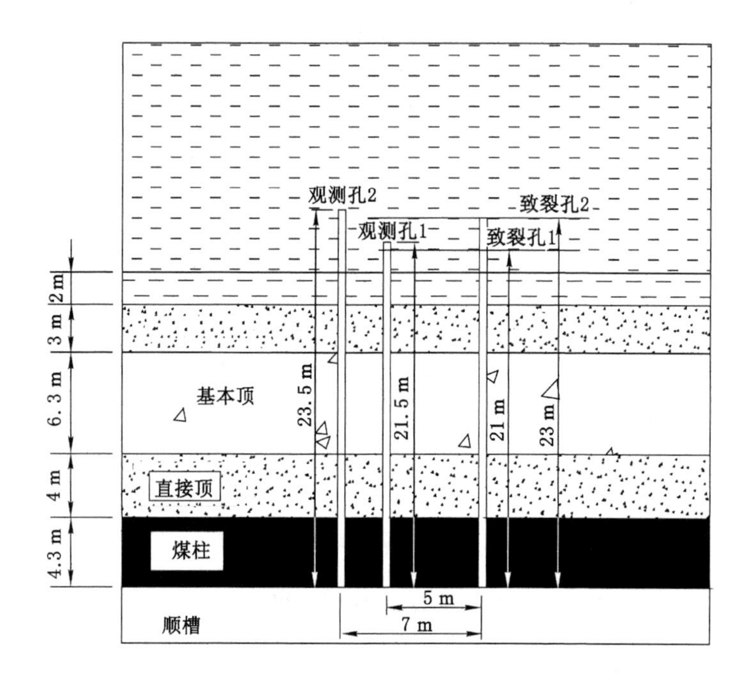

图 5-28　顶板定向水力致裂试验方案

好的方案二，沿顶板向上打倾角为 60°的倾斜钻孔，钻孔深度为 25 m。

(4) 4206 孤岛工作面上覆岩层的高压定向水力致裂参数为：顶板的垂直致裂高度约为 16 m（从煤层巷道顶板倾斜向上钻孔深度为 25 m），注水压力应达到 22 MPa 以上，加压泵站流量不小于 80 L/min。

5.4　本章小结

本章基于悬吊理论模型、极限平衡理论等得到顶部锚杆、帮部锚杆、顶部锚索和帮部锚索的理论支护参数。为进一步验证理论支护参数效果，采用三种方案的支护参数进行数值模拟验证。通过对 4206 孤岛工作面两个顺槽顶底板位移、周围岩体应力状态进行数值模拟分析，确定最终的支护设计方案。

6 结论与展望

6.1 结论

深部综放孤岛工作面沿空掘巷围岩变形数值仿真及控制是岩石力学领域研究的热点，该研究可以为孤岛工作面煤柱及两巷支护设计提供依据。本书从孤岛工作面沿空掘巷围岩物理力学特性试验、孤岛工作面围岩结构力学分析、孤岛工作面沿空掘巷围岩变形机理和孤岛工作面沿空掘巷围岩变形控制及实践四个方面进行了研究，得出如下主要结论：

(1) 对试验矿井的完整煤岩试样进行了物理力学特性研究，得到了完整煤岩试样的关键力学参数以及岩样组分数据。

① 顶板、3# 煤层以及底板单轴抗压强度分别为 61.45 MPa、20.44 MPa 和 46.27 MPa；抗拉强度分别为 3.29 MPa、0.94 MPa 和 3.14 MPa；黏聚力分别为 8.74 MPa、3.85 MPa 和 5.09 MPa；内摩擦角分别为37.60°、33.00°和35.50°。

② 1#、2#、4# 样品中发现有较多的伊利石、蒙脱石混层，2#、3#、4#、5# 均发现有高岭石成分。现场巷道局部围岩裂隙节理发育，巷道淋水严重，水很容易进入围岩中，其中高岭石及伊利石遇水软化、碎裂、崩解，而蒙脱石遇水体积发生膨胀，进而软化松散，导致现场巷道变形破坏严重。

(2) 给出了孤岛工作面围岩应力分布特征，分析了沿空掘巷窄煤柱应力及变形破坏机理，给出了综放工作面围岩应力分布规律，从理论上确定了沿空掘巷窄煤柱宽度。通过理论计算的方法得出，4206 孤岛工作面两槽理论的煤柱宽度应当在 13.9～15.7 m。

(3) 对孤岛工作面沿空掘巷围岩变形机理进行了分析。以巷道掘进期间、采空区后方 40 m 和工作面处的煤柱的状态作为对比依据，分别对煤柱宽度为 12 m、13 m、14 m、15 m 及 16 m 时煤柱内的应力、变形和塑性区分布状况进行了数值模拟计算分析。结果表明：当煤柱宽度为 15 m 时，4204 孤岛工作面和 4206 孤岛工作面产生的应力集中点基本分开，两个应力集中相互影响较小，煤柱内的应力值基本降到最低，煤柱内存在 4 m 的弹性区，具有较好的防火防瓦斯能力；煤柱宽 12～15 m 时，随着煤柱宽度的增加，煤柱内最大垂直应力降低；当煤柱宽度大于 15 m 后，巷道变形量趋于平稳，随着煤柱宽度增加，围岩变形量继续减小但变化不明显。综合考虑，确定 4206 孤岛工作面两顺槽留设煤柱建议宽度均为 15 m。

(4) 利用孤岛工作面沿空掘巷围岩变形机理得到的结论，本书基于悬吊理论模型、极限平衡理论等得到顶部锚杆、帮部锚杆、顶部锚索和帮部锚索的理论支护参数。采用三种方案的支护参数进行数值模拟验证。通过对 4206 孤岛工作面两个顺槽顶底板的位移、周围岩体的应力状态进行数值模拟分析，确定最终的支护设计方案。

6.2 展望

本书采用理论分析、现场实测、物理探究和计算机数值模拟相结合的综合研究方法，分析试验矿井 4206 孤岛工作面煤柱合理留设宽度和沿空掘巷条件下巷道合理支护参数，对深部综放孤岛工作面沿空掘巷围岩变形机理及控制进行了研究。但由于工程地质条件的复杂性，仍有许多问题有待研究。

(1) 对试验矿井完整煤岩试样的物理力学特性的研究，可以增加电镜扫描实验，进一步探讨煤岩试样的微观性质。

(2) 数值模拟方面，因为 FLAC 软件是有限元软件，对于实际工程的崩落、垮塌等离散性问题处理不够到位，可进一步开发有限云软件与离散元软件耦合计算，以适应现场复杂多变的地质条件。

(3) 探究煤岩样的蠕变本构模型，进一步研究孤岛工作面沿空掘巷围岩的时变效应。

参考文献

[1] 温克珩.深井综放面沿空掘巷窄煤柱破坏规律及其控制机理研究[D].西安:西安科技大学,2009.

[2] 苏发强.新义煤矿三软煤层巷道围岩稳定与支护技术研究[D].焦作:河南理工大学,2010.

[3] 刘艳辉.大采高综采和综放工作面矿压显现特征的对比研究[D].焦作:河南理工大学,2012.

[4] 李军文.五阳煤矿综放开采沿空留巷围岩控制技术研究[D].阜新:辽宁工程技术大学,2015.

[5] 张蓓.厚层放顶煤小煤柱沿空巷道采动影响段围岩变形机理与强化控制技术研究[D].徐州:中国矿业大学,2015.

[6] YU L,YAN S H,YU H Y,et al. Studying of dynamic bear characteristics and adaptability of support in top coal caving with great mining height[J]. Procedia engineering,2011,26:640-646.

[7] LIU Q M,MAO D B. Research on adaptability of full-mechanized caving mining with large mining-height[J]. Procedia engineering,2011,26:652-658.

[8] 方春慧.综放工作面设备配套与专家系统技术研究[D].青岛:山东科技大学,2009.

[9] ALEHOSSEIN H,POULSEN B A. Stress analysis of longwall top coal caving[J]. International journal of rock mechanics and mining sciences,2010,47(1):30-41.

[10] TU S H,YONG Y,ZHEN Y,et al. Research situation and prospect of fully mechanized mining technology in thick coal seams in China[J]. Procedia earth and planetary science,2009(1):35-40.

[11] ALEHOSSEIN H,POULSEN B A. Stress analysis of longwall top coal caving[J]. International journal of rock mechanics and mining sciences,2010,47(1):30-41.

[12] 窦林名,李振雷,何学秋. 厚煤层综放开采的降载减冲原理及其应用研究[J]. 中国矿业大学学报,2018,47(2):221-230.

[13] 张东升,刘洪林,范钢伟,等. 新疆大型煤炭基地科学采矿的内涵与展望[J]. 采矿与安全工程学报,2015,32(1):1-6.

[14] 刘飞,马占国,龚鹏,等. 薄基岩特厚煤层端头围岩变形机理[J]. 采矿与安全工程学报,2018,35(1):94-99.

[15] 石伟,徐信增. 煤矿区段护巷煤柱合理尺寸研究[J]. 煤炭技术,2010,29(12):67-69.

[16] 杨逾,田瑞冬. 碎矸体充填条件下煤柱变形数值模拟[J]. 辽宁工程技术大学学报(自然科学版),2016,35(12):1390-1396.

[17] 李强,茅献彪,卜万奎,等. 巷道矸石充填控制覆岩变形的力学机理研究[J]. 中国矿业大学学报,2008,37(6):745-750.

[18] 张晋通,张东峰,王文渊,等. 深部开采护巷煤柱宽度合理性研究[J]. 煤炭技术,2014,33(8):76-78.

[19] 马华,刘飞. 井巷中巷道的断面设计与支护[J]. 煤矿现代化,2011(4):10-11.

[20] 马其华,王宜泰. 深井沿空巷道小煤柱护巷机理及支护技术[J]. 采矿与安全工程学报,2009,26(4):520-523.

[21] 华心祝,刘淑,刘增辉,等. 孤岛工作面沿空掘巷矿压特征研究及工程应用[J]. 岩石力学与工程学报,2011,30(8):1646-1651.

[22] 张科学,张永杰,马振乾,等. 沿空掘巷窄煤柱宽度确定[J]. 采矿与安全工程学报,2015,32(3):446-452.

[23] 李磊,柏建彪,王襄禹. 综放沿空掘巷合理位置及控制技术[J]. 煤炭学报,2012,37(9):1564-1569.

[24] 王睿. 煤层顶底板突水地质力学条件及其危险性研究[D]. 北京:中国矿业大学(北京),2011.

[25] 李利平,李术才,石少帅,等. 基于应力-渗流-损伤耦合效应的断层活化突水机制研究[J]. 岩石力学与工程学报,2011,30(增刊1):3295-3304.

[26] 唐守锋. 基于声发射监测的矿井突水前兆特征信息获取方法的研究[D]. 徐州:中国矿业大学,2011.

[27] 梁德贤.高压渗流作用下裂隙岩体损伤演化机制研究[D].徐州:中国矿业大学,2016.

[28] 陆银龙.渗流-应力耦合作用下岩石损伤破裂演化模型与煤层底板突水机理研究[D].徐州:中国矿业大学,2013.

[29] 刘洋,柴学周,李竞生.相邻工作面防水煤岩柱优化研究[J].煤炭学报,2009,34(2):239-242.

[30] 邓祥月,韩明新,孟斌.论述防水煤岩柱的留设原则及计算方法[J].煤炭技术,2001,20(6):30-34.

[31] 吴立新,王金庄.煤柱宽度的计算公式及其影响因素分析[J].矿山测量,1997(1):12-16.

[32] 刘宏军.双侧采空孤岛煤体冲击地压发生机理与防治技术研究[D].北京:中国矿业大学(北京),2016.

[33] 戴文祥,孔令海,张宁博,等.特厚煤层掘进巷道强矿压显现机理及防治技术研究[J].煤炭科学技术,2017,45(8):74-79.

[34] CHEN X H,LI W Q,YAN X Y. Analysis on rock burst danger when fully-mechanized caving coal face passed fault with deep mining[J]. Safety science,2012,50(4):645-648.

[35] HE J,DOU L M,CAO A Y,et al. Rock burst induced by roof breakage and its prevention[J]. Journal of Central South University,2012,19(4):1086-1091.

[36] 曹帅.浅埋深中厚煤层煤柱留设技术研究[J].煤炭与化工,2014,37(10):36-38.

[37] 奚家米,毛久海,杨更社,等.回采巷道合理煤柱宽度确定方法研究与应用[J].采矿与安全工程学报,2008,25(4):400-403.

[38] 奚家米,毛久海,杨更社,等.沿空掘巷合理煤柱宽度综合分析与确定[J].煤田地质与勘探,2008,36(4):42-45.

[39] 刘鹏,曲延伦,刘宝亮.近距离煤层开采冲击地压防治技术研究[J].中国煤炭,2015,41(12):40-43.

[40] 顾颖诗.近距离煤层开采冲击地压防治技术研究[J].煤矿现代化,2014(5):11-13.

[41] 王桂洋.近距离煤层开采冲击地压时空作用机制与防治技术研究[D].青岛:山东科技大学,2014.

[42] 李佃平.煤矿边角孤岛工作面诱冲机理及其控制研究[D].徐州:中国

矿业大学,2012.
[43] 潘二军,张朝举.综放沿空掘巷合理位置研究[J].能源技术与管理,2006,31(5):17-18.
[44] 孙利辉.断层孤岛煤柱轻放工作面矿压显现规律研究[D].邯郸:河北工程大学,2008.
[45] 申骏超.沿空掘巷围岩控制技术研究[J].煤,2012,21(3):6-8.
[46] 邢攀.沿空掘巷中锚筋夹芯煤柱混凝土隔离墙的结构性能研究[D].西安:西安科技大学,2012.
[47] 吴晓刚,郭记伟,安百富,等.二次采动煤巷加长锚索与丛柱联合加强支护技术[J].煤矿安全,2014,45(5):96-99.
[48] 刘权.四台煤矿沿空掘巷围岩控制技术研究[D].徐州:中国矿业大学,2014.
[49] 鲁伟.综放面顶层巷小煤柱外错底层回风巷布置及其围岩稳定性研究[D].太原:太原理工大学,2010.
[50] 田根万,王群力,刘建峰,等.国阳二矿 80509 综放工作面小煤柱沿空掘巷技术[J].煤矿安全,2009,40(8):56-58.
[51] 戚洋,贾凯军,王鹏宇,等.松软煤岩层预掘巷充填体构筑技术研究与应用[J].中国煤炭,2012,38(2):57-60.
[52] 范苑.国投大同塔山煤矿近距离特厚煤层的开采方法研究[D].北京:中国矿业大学(北京),2014.
[53] 聂建湘.朱集矿深井复合顶板沿空掘巷控制技术研究[D].徐州:中国矿业大学,2014.
[54] 王洪明.近距离煤层群沿空掘巷煤柱稳固机理及围岩稳定性研究[D].湘潭:湖南科技大学,2013.
[55] 崔树江.大采高超大采场覆岩破坏运动特征及控制研究[D].北京:中国矿业大学(北京),2016.
[56] 王东星.浅埋煤层大采高综采面区段煤柱宽度留设理论及试验研究[D].西安:西安科技大学,2017.
[57] 刘军.龙马煤业 3305 工作面运输巷沿空掘巷围岩稳定性分析及控制技术研究及支护技术研究[D].焦作:河南理工大学,2014.
[58] 刘涛.俄霍布拉克煤矿对采对掘动压巷道围岩控制技术研究[D].徐州:中国矿业大学,2016.
[59] 张敏.特厚煤层大采高综放面端部结构对沿空巷道位置的影响研究

[D]. 焦作:河南理工大学,2016.
[60] 王德超. 千米深井综放沿空掘巷围岩变形破坏演化机理及控制研究[D]. 济南:山东大学,2015.
[61] 谢广祥,杨科,刘全明. 综放面倾向煤柱支承压力分布规律研究[J]. 岩石力学与工程学报,2006,25(3):545-549.
[62] 周舟. 厚煤层孤岛工作面小煤柱回采巷道围岩控制技术研究[D]. 太原:太原理工大学,2014.
[63] 柏建彪,侯朝炯. 深部巷道围岩控制原理与应用研究[J]. 中国矿业大学学报,2006,35(2):145-148.
[64] 张自政,柏建彪,王卫军,等. 沿空留巷充填区域直接顶受力状态探讨与应用[J]. 煤炭学报,2017,42(8):1960-1970.
[65] 陈勇,柏建彪,王襄禹,等. 沿空留巷巷内支护技术研究与应用[J]. 煤炭学报,2012,37(6):903-910.
[66] 陈勇,柏建彪,朱涛垒,等. 沿空留巷巷旁支护体作用机制及工程应用[J]. 岩土力学,2012,33(5):1427-1432.
[67] 秦忠诚,王同旭. 孤岛综放面跨采软岩巷道附加压力分析[J]. 矿山压力与顶板管理,2002,19(4):35-37.
[68] 秦忠诚,王同旭. 深井孤岛综放工作面跨采软岩巷道合理支护技术[J]. 煤炭科学技术,2003,31(5):7-9.
[69] 秦忠诚,王同旭. 深井孤岛综放面支承压力分布及其在底板中的传递规律[J]. 岩石力学与工程学报,2004,23(7):1127-1131.
[70] 张书国,亢利峰,黄辉. 复合顶板孤岛面窄煤柱沿空掘巷锚网支护的应用[J]. 煤矿开采,2003,8(3):60-61.
[71] 杨建辉,夏建中. 层状岩石锚固体全过程变形性质的试验研究[J]. 煤炭学报,2005,30(4):414-417.
[72] 杨建辉,尚岳全,祝江鸿. 层状结构顶板锚杆组合拱梁支护机制理论模型分析[C]//中国岩石力学与工程学会. 第十届全国岩石动力学学术会议论文集. [S. l:s. n],2007:4215-4220.
[73] 杨建辉,尚岳全. 层状岩石铰接拱全程力学性质试验研究[J]. 岩石力学与工程学报,2007,26(增刊):2852-2857.
[74] 杨淑华,张兴民,姜福兴,等. 微地震定位监测的深孔检波器及其安装技术[J]. 北京科技大学学报,2006,28(1):68-70.
[75] 康红普,颜立新,郭相平,等. 回采工作面多巷布置留巷围岩变形特征与

支护技术[J].岩石力学与工程学报,2012,31(10):2022-2036.
[76] 康红普,牛多龙,张镇,等.深部沿空留巷围岩变形特征与支护技术[J].岩石力学与工程学报,2010,29(10):1977-1987.
[77] 康红普,冯志强.煤矿巷道围岩注浆加固技术的现状与发展趋势[J].煤矿开采,2013,18(3):1-7.
[78] 杨同敏,宇黎亮,牛宏伟.低位综放面采空区浮煤回收技术[J].煤炭科学技术,2000,28(12):11-13.
[79] 杨同敏,张宏.国产设备条件下的高产高效实现初探[J].矿山压力与顶板管理,2004,21(2):17-18.
[80] 陈学伟,金泰,李峰,等.鲍店矿综放面沿空巷道矿压控制[J].矿山压力与顶板管理,1997,14(2):54-57,82.
[81] 陈庆敏,陈学伟,金泰,等.综放沿空巷道矿压显现特征及其控制技术[J].煤炭学报,1998,23(4):382-385.
[82] 祁方坤.掘采全过程综放沿空巷道围岩变形机理及控制技术[D].徐州:中国矿业大学,2016.
[83] 谢俊文,许继宗,王亚峰,等.特厚软煤层综放工作面沿空送巷矿压显现规律研究[J].煤矿开采,2004,9(2):54-57.
[84] 邵嗣华,赵总彦.高瓦斯易燃破碎煤层窄小煤柱开采技术研究[J].陕西煤炭,2012,31(3):45-47.
[85] 曾垒,项一凡.用 FLAC3D 实现综放工作面三维矿压模拟的探讨[J].煤炭工程,2007,39(6):86-88.